일어날
일은
일어난다

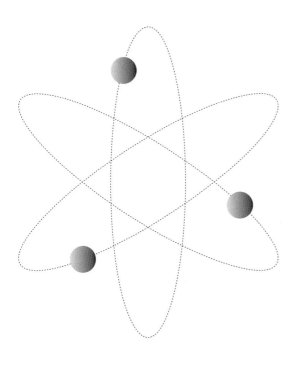

量子化

量子如何改变世界

［韩］
朴权
(박권)
著

黄艳涛
译

中国出版集团
中译出版社

图书在版编目（CIP）数据

量子化：量子如何改变世界 /（韩）朴权著；黄艳
涛译 . -- 北京：中译出版社，2022.6
ISBN 978-7-5001-7097-6

Ⅰ . ①量… Ⅱ . ①朴… ②黄… Ⅲ . ①量子力学
Ⅳ . ① O413.1

中国版本图书馆 CIP 数据核字（2022）第 087846 号

著作权合同登记号：图字 01-2022-2300

量子化：量子如何改变世界

LIANGZIHUA LIANGZI RUHE GAIBIAN SHIJIE

出版发行 / 中译出版社
地　　址 / 北京市西城区新街口外大街 28 号普天德胜大厦主楼 4 层
电　　话 /（010）68005858、68358224（编辑部）
传　　真 /（010）68357870
邮　　编 / 100088
电子邮箱 / book@ctph.com.cn
网　　址 / http://www.ctph.com.cn

策划编辑 / 范　伟
责任编辑 / 吕百灵　范　伟
营销编辑 / 曾　顿　陈倩楠
封面设计 / 仙境设计
排　　版 / 聚贤阁
印　　刷 / 北京顶佳世纪印刷有限公司
经　　销 / 新华书店

规　　格 / 787 毫米 ×1092 毫米　1/16
印　　张 / 16.5
字　　数 / 175 千字
版　　次 / 2022 年 6 月第一版
印　　次 / 2022 年 6 月第一次
ISBN 978-7-5001-7097-6　　　　定价：68.00 元

中 译 出 版 社

"生活、宇宙，以及一切终极之问的答案是……"

—— 道格拉斯·亚当斯（Douglas Adams）

《银河系漫游指南》（ *The Hitchhiker's Guide to the Galaxy* ）

研究基础物理的人经常会提到"万物理论",这一理论将构成世界的所有粒子分类,并描述它们之间的相互作用。粒子物理学家使用"标准模型"虽然修正了相当一部分内容,但仍无法掌握理论在时空上的构成要素。也就是说,尽管万物理论被视为描述宇宙的伟大理论,但仍无法将其与对宇宙本身的理解融合在一起。这里所谈论的理论是描述现实世界中量子力学的一系列论述,本书创作的目的就是解释这种科学体系的根本性质。

　　但是,一旦实现了所期盼的融合,就真的能理解万物吗?朴权教授在这本书的开头抛出了一个难以解答的核心问题:"我们为什么存在?"

　　当然,我们想尝试一下用"万物理论"来回答这个问题的可能性有多大,也想知晓物理学家眼中的"万物"是否包含了我们生活中的主要元素,诸如喜怒哀乐、爱情以及人生的意义,等等。

生物学家弗朗索瓦·雅各布在一篇名为《进化与修补》的评论中强调了小问题的重要性。而现代科学也在对具体问题的关注取代对重大问题的探究过程中不断地发展。这种策略的其中一部分是将刨根问底式的"为什么"替换成了类似"该如何问"的问题，而朴权教授很早就表示过，他更喜欢这种方法。本书正是围绕"存在是如何构成的"这一疑问娓娓道来。

朴权教授是物理学领域的世界级权威学者，他学识渊博，能把这些问题阐释得清晰易懂。值得一提的是，他不仅是能够引起"21世纪电子革命"的"拓扑物质"理论专家，同时还是哲学家、电影专家，拥有卓越的写作能力。作为高等科学院（KAIS）的同事，我们是亲密的对话者，对于世界上任何话题都可以随时随地分享彼此的观点，共同思考。更重要的是，朴权教授是一位富有人情味的、非常感性的人。因此，这本书浸润着对社会和生活的热情，他用精彩的文字让理性的世界焕发生机。

比起提问"为什么"，抛出"该如何问"的疑问也并不能真正解决问题，朴权教授本人非常清楚这一点。有些读者会好奇，关于核心问题的答案会出现在本书的哪一部分？阅读后你会发现，答案已被巧妙地融入整本书中。在这本书中，将对世界构成的科学考察，以及个人快乐和苦难的经历巧妙地交织在一起。在对这种风格的选择感到相当诧异的同时，我突然间发现，朴权教授关于人生重要问题的答案就像迷宫中的一根线一样，穿梭于字里行间。

无论是教授哪个领域的哪一门课程，回答学生提问的方法都会有以下两种：一是基于理论框架的演绎性说明，二是通过实际案例来佐证答案。不过，不能把十分重要的问题想定成作为答案的理论基础。本书通过大量的具体事例，向读者展示了存在的意义。

读者通过阅读关于现代物理学的根基、物质的构成和计算机等有趣的故事，会体会到深藏于朴权教授内心深处的、关于生命之谜的乐趣。希望读者在阅读、思考和探索的同时，可以尽情地体验宇宙、物理和人生的奥秘。

[韩] 金珉亨（音）

英国爱丁堡大学国际水利科学研究所所长，《需要数学的瞬间》作者

本书以现代物理学新观点——多体量子场理论为背景，将电影、个人奇闻趣事、信息科学和哲学糅合在一起，是一部将各种观点融会贯通的力作。通过作者独特的视角，可以看到不拘泥于教科书的现代量子物理学所呈现的生动世界观。本书中的插图均由作者亲手绘制，是一本别开生面、值得一读的书。

[韩] 金必立（音）

美国哈佛大学物理系教授

21世纪正值量子文明的时代，这是一本关于量子力学最优秀的指南。作者以通俗易懂的语言将人类文明最高级别的专业知识传递给读者，令人惊叹。这本书也是一本哲学书籍，它融入了作者对自我和存在的深刻思维。我将这本书作为量子文明时代的必读书目，推荐给大家。

房允圭（音）

韩国浦项工科大学物理系教授、亚太理论物理中心所长

　　本书不仅是一本科学素养书籍，还是一部以量子力学为中心，涉猎多个科学领域，提出深刻哲学问题的大胆创新之作。细细品味，该书真正从多个角度回味了奇妙而神奇的量子力学的意义，考察了世界上万物如何以及为什么存在。这场伟大的探索从作者真诚的自传回忆录开始，通过质疑"为什么我的人生是这样的？"引出了研究自然运转深奥理论的物理学。要正确理解物理学，仅靠推导物理公式是远远不够的。如何理解那些表面上近乎无稽之谈，却经过实验完全验证的玄妙理论，并彻底消化吸收？跟随着朴权教授精妙的讲解，一定会乐享其中。

　　在阅读这本书的过程中，我数次感到震惊，并由衷地感叹。为了广大的读者，本书把难度极高的尖端物理学的内容逐一推导成公式，这比任何一本优秀的教科书都要缜密细致。此外，即使不掌握这些专业性内容，也可以理解这些深奥的知识。关于一些重要的观点，作者都运用科幻小说或电影趣事来帮助大家更加直观地理解，并从不同角度诠释了科学知识对于人类生活的意义。作者对科学史和哲学的见解已经达到了令人折服的水准。

　　更值得欣喜的是，至此诞生了用韩语书写物理学的力作。到目前为止，我们在韩国所接触到的优秀科学书籍大部分都是翻译自国外的书籍，尽管翻译家付出了努力，但意思表达还是不够原汁原味。我们的读者终于能够品鉴到直接用本民族语言书写的书籍，着实是一件令人愉悦的事情。

[韩] 张夏奭（音）

英国剑桥大学科学史与科学哲学客座教授，《温度计的哲学》作者

序 言

　　小时候，我家里很穷。虽然不记得是从什么时候开始的，但在我的记忆中，家里一直很穷。其中，有一段时间家里最为贫穷，那是我成为高中生的那一年。

　　父亲承受不了长久以来事业连续失败的打击，为了寻求事业上的新突破，他独自一人移民去了美国。从那之后，家里就剩下母亲一个人负责养育我和妹妹，家庭生计更加举步维艰。

　　雪上加霜的是，那年夏天，不清楚是什么原因，母亲患上了肾脏疾病，卧床不起。那时候别说医疗费，连每天吃饭都是个问题，我和妹妹实在负担不起母亲的住院费用。幸好母亲可以在一所由修女院筹建的慈善医院接受免费的住院治疗。于是，家里就剩下读高中一年级的我和读初中二年级的妹妹两个人。

　　我无法理解眼前发生的一切，幼小的心灵陷入绝望，抱怨为什么我的生活如此艰难，时常独自生气，泪流满面，不愿相信这一切都是真的。就这样，母亲住院一个月了，我也没有去探望她。

母亲非常伤心，当时，我也许只是害怕看到母亲住院的样子后陷入更绝望的深渊吧。

最终，我还是改变想法去医院探望母亲。医院严格限制探病时间，我按照预约的时间，来到了医院。看到病房里的母亲，我的愧疚感立即涌上心头，心情非常沉重。

聊了一会儿后，母亲说想吃橘子。如果到医院外边买橘子，就很难在规定的探病时间内返回。可是，我必须满足母亲的这一个小小的心愿。我想，如果跟保安大叔说说情，差不多应该还能再回到医院。

当我买了橘子走进医院时，保安大叔拦住了我。不管我如何哀求，他只是反复强调，根据医院的规定不能放我进去。我只好拜托保安大叔替我把橘子转交给母亲，然后无奈地回家了。我准备去坐公交车，走在大街上，突然悲从中来，拐进旁边的小胡同后，泣不成声。

天空虽然很晴朗，但对我来说却是昏暗的。我感觉世上没有一件事是顺心的，不知该怎样继续活下去，未来一片迷茫。存在到底意味着什么，生活为什么如此艰辛？

存在的意义

理查德·道金斯（Richard Dawkins）因创作《自私的基因》（*The Selfish Gene*）一书而声名远扬，他写道：

"我们都是生存机器——作为运载工具的机器人，其程序是盲目编制的，为的是永久保存基因这种秉性自私的分子。"

　　这段话让人很容易产生一种悲观的情愫，但细细品味，又似乎让我们明白了这样的道理：人生来绝非是为了达到某种崇高的目的而存在，只是为了存在而存在。那么，只要存在于这个世界上，就相当于实现了人生的意义。

　　当然，人类"存在的意义"是一个亘古难题。从古至今，人类一直在不懈地寻求这个问题的答案，这种努力至今仍在持续。现在，让我们先换个说法来诠释"存在的意义"。

我们为什么存在

　　这个问题同样难以回答，答案取决于每个人的价值判断，而价值判断又依赖个人的哲学和宗教信仰等。那么，除哲学与宗教以外的科学，对这个问题究竟会给出怎样的答案呢？笼统地来讲，科学探索的是"如何"，而不是"为什么"，即我们是如何存在的。

　　有趣的是，如果你一直追问"如何"，就会越来越接近"为什么"。例如，科学首先提出"父母的体态特征是如何遗传给子女的"这一问题，答案是——基因。其次，科学又提出"基因是如何承载个体生命形态特征的"这一问题，答案是——DNA。接下来，科学会追问"最初的 DNA 是如何形成的"，这个问题的答案正是——生命的起源。

　　当然，人类还没有彻底搞清楚生命的起源。尽管如此，仅仅从抛出一连串关于所谓生命的起源的问题来看，可以肯定地说，人类已经离"为什么存在"的答案更近了一步。

我们顺着追问"如何"的问题链条往下走，最终会遇到什么？我们会接触到物理学，最终会与量子力学相遇。

按照量子力学的解释，世间万物都是波。不，严格说来，万物既是波，又是粒子。需要强调的是，这种现象在专业上称为"波粒二象性"。类似波粒二象性的奇怪现象，到底是"如何"以及"为什么"出现的呢？

即使地球灭亡也不会消失的，唯有一句话

在诺贝尔物理学奖历史上留下浓墨重彩一笔的理查德·费曼（Richard Feynman）提出了一个著名的问题："如果发生了大灾难，所有的科学知识即将消失，只有一句话可以流传下去的话，那么以最少的词语，却能容纳最大信息量的话是什么呢？"费曼的回答是：

"万物皆由原子组成。"

费曼为什么会有这样的想法？这句话告诉我们：宇宙中存在无数的不同物质，但有一个普适性的事实将这些多样性的物质贯穿起来，那就是原子的存在。鉴于科学的核心价值正是普适性，因此费曼提出"万物皆由原子组成"是可以永远流传的一句话，是有科学性的。

不过，人类对于原子的认识经历了一个漫长的过程。从古至

今，在相当长的一段时间里，物质一直被认为是由绝对不能碾碎的纯晶体组成的，而这个晶体就是原子。现代物理学则认为，原子具有复杂的内部结构。简单来讲，所谓的原子是由原子核及围绕在其周边的电子组成的小太阳系。

首先，原子核由质子和中子组成。再详细地展开来讲，组成原子核的质子和中子通过一种叫作弱力的力量偶尔发生放射性衰变，不过基本上会被一种叫作强力的力量紧紧地绑缚在一起。因此，在大多数情况下，原子核会被认为是类似于没有内部结构的粒子。

电子在这样的原子核周围被电磁力吸引着旋转。简单地说，某个原子的物理化学性质几乎取决于其中有多少个电子，这些电子沿着何种轨道运转。同时，物理化学性质被确定的百余个原子，以不同的方式相互结合，创造出无穷无尽的物质状态。

这个关于原子的构想中隐含着一个极其深刻的问题：如果原子中的电子真的像太阳系中的行星一样围绕原子核旋转，那么电子不久就会落入原子核中，正如人造卫星会由于与空气的摩擦而最终坠入地球一样。

但是，上面的比喻似乎并不能完全说明问题，因为原子中的电子旋转速度非常快，由此产生的电磁波将迅速耗尽电子的动能。再打个比方吧，原子中的电子更像一根功能强大的天线。

那么，失去动能的电子落入原子核的速度会快到什么程度呢？千万不要惊讶，基于经典力学和电磁学计算的结果，电子会在大约10微微秒，即千亿分之一秒内落入原子核。这简直是一场重大灾难！如果说真会发生这样的情况，几乎等同于说原子根本不存在。这样带来的后果是，包括人类在内的整个宇宙是不可能存在的。

如何拯救原子？

答案就是前面提到的波粒二象性。量子力学告诉我们，电子如何在不丢失动能的情况下，在原子内沿着稳定的"轨道"旋转。事实上，电子不会真的绕着轨道运动，"轨道"纯粹是经典力学上的一个概念而已。实际上，电子像波一样，在空间内扩散并振动。量子力学还告诉我们，当这些电子的波引起共振时，原子则可以实现稳定的状态。打个比方吧，可以把电子的波动想象成云彩一样散布在原子核周围翻滚荡漾，当这些电子"云"产生共振时，原子就稳定了。需要指出的是，物理学家有时干脆会把电子的波称为"电子云"。

那么，什么是共振？举一个相关的例子吧，把嘴唇对准玻璃瓶口发出声音，整个玻璃瓶就会震动，出现声音被放大的现象。从专业的角度来解释，每个玻璃瓶都有特定的频率，被称为"固有频率"。因此，所谓的共振就是当传入玻璃瓶口的声音频率与玻璃瓶的固有频率一致时，会出现玻璃瓶剧烈震动的现象。这种引起共振的声音，即波，被称为"驻波"。

综上所述，原子就是原子核和电子制造的共振现象。如果一个原子中有多个电子，那么当所有电子协同一致，仿佛音乐上产生和弦时，原子就会稳定下来。

万物都是波，这句话听起来有点奇怪。但是，由于它拯救了原子，我们姑且接受它吧。虽然还不清楚电子的波动究竟是什么，但是似乎可以想象成天空中飘浮的云朵。当然，仅凭这种含糊其词是很难讲清楚的，因为电子的波动实际上比我们想象的更加离奇。

尽管离奇得难以置信，但美丽得令人惊叹

量子力学很奇怪，甚至令人难以置信。根据量子力学，世间万物既是粒子又是波。说得更严谨一点，虽然粒子本身像一个点，但它的位置却像波一样散布在空间里，描述这些波的函数被称作"波函数"。

波函数会告诉我们粒子在特定位置存在的概率，我们能知道的只有这个概率。不管我们怎么努力，根本不可能知道更多。乍一听，这似乎是量子力学的极限，但令人感到矛盾的是，正是由于这个极限，量子力学所描述的宇宙才越发妙不可言。

如何理解呢？说量子力学美妙，其核心在于波函数本身而不是概率，这很令人费解。波函数不是普通数字组成的函数，这里所说的"普通数字"是指实数。如果说波函数本身是一个概率，那么波函数就是 0 和 1 之间的实数。但是，波函数不仅包含实数，还包含一个被叫作虚数的数字。虚数，按字面意思解释就是"想象的数"，虚数之所以被称作虚数，原因在于它具有平方后变成负数的奇妙特性。

换句话说，波函数是由实数和虚数两类数字组成的函数。这种具有实数和虚数成分的特殊数被称为"复数"。复数，按字面意

思解释就是"复杂的数"，而概率，就是波函数的实数和虚数分别平方之后的相加之和。

那么，问题来了，如果概率是我们所能知道的全部，那为什么还需要波函数呢？换句话说，所谓概率，只有一个数就够了，为什么还非得需要用实数和虚数组成的波函数来表示？

至今还没有人搞清楚真正的原因。只是，若想让宇宙以我们目前熟悉的形态存在，那么概率和波函数，两者缺一不可。即使只有概率也可以实现测量，但波函数也是不可或缺的，因为这是宇宙中一切基本力的相互作用原理。

这里提到的基本力是什么呢？宇宙有四种基本力，即引力、电磁力、弱力和强力。引力是人们日常生活中最熟悉的力，至于电磁力、弱力和强力，在前面讲述原子时曾经简单地提到过。关于引力，虽然还没有被完全证明，但相信这四种基本力都能依据同一个原理来描述，那就是规范对称性原理。

粗略地讲，所谓规范对称性原理，是指虽然有波函数，但实际可测量的只有概率的原理。说得再直白一点，就是波函数尽管的确存在，但不会显露出来。关于规范对称性原理是如何精确地提供基本力的原理，在后面有更详细的讲述。

少安毋躁，距离得出最终的结论还差十万八千里呢！事实上，如果规范对称性原理能被完美地维持下去，就会出现一个严重的问题，那就是宇宙中一切物质都不能有质量。规范对称性应该被打破，而且应该自发破缺。需要指出的是，规范对称性自发破缺在专业上被称作"希格斯机制"（Higgs mechanism）。规范对称性自发破缺到底是什么，以及如何使宇宙万物拥有质量，同样在本书的后面也会详细阐释。

越想越觉得量子力学简直妙不可言。

万物皆是粒子又是波，电子的波通过共振来实现原子的稳定性。但是，描述电子的波的波函数不能直接显露出来。实际上，可测量的不是波函数，而是概率。但奇怪的是，正是这一事实提供了力的原理。

需要提醒的是，波函数并没有完全隐藏其形态。如果说要使宇宙万物都拥有质量，那么波函数就不仅是概率，还要以复数形式展现出来。总之，量子力学通过波函数的存在这一事实，提供了支撑宇宙的所有力和质量的原理。这虽然令人难以置信，但其中的玄妙不正是引人入胜的地方吗？

我们的旅行

我们的旅行即将开启，且量子力学将担任这趟旅行的"导游"。如同量子力学的名称一样，此次旅行注定将是一次无与伦比的奇妙之旅。在令人期待的旅途中，我们将会欣赏到隐藏在宇宙中的那些令人叹为观止的风景。

当然，这段旅程并不会一路坦途。因为由量子力学引领的旅行将沿着狭窄而细长的道路展开，而且这条窄小的道路还被遮挡住视野的峡谷包围着。即使如此，我还是希望通过这次旅行，能让更多的人窥见峡谷中闪现的美不胜收的景色。旅行结束后，我们将会或多或少地领悟到世纪之问——"我们为什么存在？"

现在，让我们踏上旅程吧！

目 录

第一章

波：概率论

有一名站在十字路口的男子，他搭乘的飞机因故障坠入太平洋，但他九死一生，幸免于难。不过，死里逃生的喜悦是短暂的，随即他被海浪卷上了一座荒岛，而他必须学会独自在荒岛求生。后来，他被困居荒岛四年，经过一番周折，最终造了一条船才得以逃出荒岛。

在荒岛上的生活没有希望，甚至是绝望的。他想过自行了断生命，但求生的欲望最终战胜了绝望，对他来说，支撑他活下来的是三个希望。

第一个希望是家乡的爱人，第二个希望是从某天开始像朋友一样陪他说话的排球，第三个希望是一个画有天使翅膀的送货箱。

这名男子曾是一家名为"联邦快递"的国际速递公司的雇员。在过去四年的时间里，他把那些和他一起坠落的快递箱子里的各种物品都用在了紧要关头，只有一个箱子除外。不知道为什么，他从未想过要拆开它，就是那个画有天使翅膀的箱子。他希望能把这个箱子完好无损地送到收货人手中。

在这三个希望中，第一个和第二个希望虽然拯救了这名男子，但当他逃离荒岛时，这两个希望很快就成了过去。首先，他的爱人凯利误以为他已经死了，于是就嫁给了另一个男人，生了一个女儿，开始了新的生活。对于凯利来说，虽然对他还有爱意，却不能为他抛弃现在的家庭，他也不想破坏凯利的新生活。就这样，第一个希望就变成了过去时。

第二个希望在男子逃离荒岛的途中就消失了。作为男子在岛上生活时唯一的聊天对象，被他命名为"威尔逊"的排球，就像一个有生命的朋友一样，可是在他逃离荒岛，漂流在茫茫大海上时，排球被遗失在了大海中。男子为了打捞"威尔逊"，还曾潜入海中，但为时已晚，排球早已经漂得太远了，"威尔逊"就这样和他分手了。

幸运的是，最后一个希望与前两个不同，帮助他重新找到了未来。男子与凯利分手后，他根据画有天使翅膀的送货箱上标记的地址去送货。最后，他来到得克萨斯州偏僻荒野的一处院子里，院子里摆放着各种由天使翅膀做成的美术作品，但是家里没有人。男子放下箱子，留下一个便条，写道："这个箱子拯救了我的人生，谢谢！——查克·诺兰德"。

从院子里出来后，查克站在这片荒凉的十字路口，不知道该去往何方，他打开地图，陷入了思考。这时，一名女子开着卡车停在他身边，开口问道："你看起来好像迷路了，需要帮助吗？"查克回答说："我正在考虑下一站去哪儿。"女子告诉他这个十字路口的道路分别通往何方后便离开了，在渐行渐远的卡车身后赫然贴着画有天使翅膀的画！查克环顾着十字路口的每一条道路，然后默默地凝视着女子所走的那条路。这时，起风了。

图 1 在电影《荒岛余生》中，站在十字路口的主人公

或许，大部分读者都已经明白了，这是电影《荒岛余生》（*Cast Away*）里面的情节。我们可能都会有像查克一样的经历，在人生的某一时刻站在十字路口彷徨。当然，不能因为无法选择要走的路而始终漫不经心地站在十字路口，总要选择一条路走过去。但是，如果这条路的选择重要到足以改变人生，做决定就没那么容易了。届时，我们该怎么办呢？

如果无须做出选择，人们在选择走哪一条道路之前就已经知晓了最终的结果，结局会是什么？或者，如果可以选择走所有的岔路，结果会是一样的吗？不可思议的是，量子力学告诉我们这都是可行的。

具体来说，从微观角度上来看，包括人类在内，宇宙间的万物均跟原子一样都是微小粒子的组合。量子力学是描述这些粒子动力学的物理理论。量子力学告诉我们，微观世界的粒子可以一次性走完所有设定好的道路。

让我们再次回到十字路口，来理解这种神奇的能力。

站在十字路口的电子

这里有一个站在十字路口的电子。电子刚刚从电子束枪（electron beam gun）中被发射出来，现在，电子到达了一处有两条并列分布的狭窄缝隙的墙壁，它应该从两条狭缝中选择其中一条穿透过去。

但事实并非如此，电子没有必要在两者中任选其一。正如我之前说过的，根据量子力学，所有粒子都是波。换句话说，虽然粒子本身就是一个点，但是它在特定位置存在的概率会扩散至整个空间，像波一样荡漾起伏。

在这种情况下，电子会一分为二变成两个波，可以沿着两条狭缝形成的不同轨迹移动。穿过不同路径的两个波最终到达目的地——屏幕上的一个点。这个屏幕是一种电子探测器，当电子到达后，会在上面留下一个点。这项实验是著名的"杨氏双缝实验"（Young's Double-Slit experiment），实验的目的是观察屏幕上被检测到的电子模式。那么究竟会观察到什么样的模式呢？

被检测到的电子模式取决于电子到达屏幕相应位置的概率。仔细想一想，电子穿过狭缝，似乎会沿着最佳路径到达屏幕。也就是说，从屏幕的位置来观察，电子最可能会落在正对着狭缝的位置上。那么，被观察到的电子模式就会是以这个位置为中心，向周围渐渐变淡的样子。这一情形与图2中上面的那幅图相仿。

不过，如果电子的模式果真如此，那就失去了继续讨论下去的意义了。在真实的实验中，我们看到了有趣的一幕，导致发生这一奇怪现象的原因是出现了所谓的"干涉模式"。

什么是干涉？在日常生活中，干涉意指没有直接关系的人干预他人事务。在物理学中，干涉是指两个以上的波相遇会产生新的波，其振幅小于原有波的振幅之和的现象。

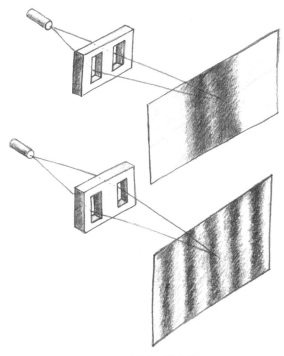

图2　杨氏双缝实验

怎么会这样呢？波是振动的，为了描述这种振动，需要两个信息：一个是波的强度，即振幅；另一个是波的长度，即波长。

下面，我们通过振幅和波长的概念来了解一下什么是干涉。首先，要发生干涉，需要两个以上的波在某一时刻相遇，相遇后生成的波的振幅，并不是原有波的单个振幅简单相加之和。这是因为其中很重要的问题是每个波会在哪一个振动时点上相遇。

这里所说的"振动时点"是什么呢？是指振动发生的某一具体时刻。比如，在指定的时刻，波的波动是上升，还是下降？不妨认真思考一下，就会明白这个振动的时点，是取决于此前波经过的路径长度与波长相比，是长多少还是短多少。

例如，如果波经过的路径长度等于波长，或者是波长的整数倍，波长的波动会回到原有状态。相反，如果路径的长度是波长的一半，或者是波长的半整数倍，那么波的振动就完全变了模样。

现在，让我们回到杨氏双缝实验，看看振动时点究竟如何创造出干涉模式。

穿过两条狭缝的两个波沿着不同的路径移动，到达屏幕上的某个位置。当到达这个位置时，如果两个波经过的路径长度之差是波长的整数倍，那么新生成的波的振幅就是部分波的振幅之和，即振幅的最大值完全一致，这被称为"相长干涉"（constructive interference）。在相长干涉中，部分波的波动表现一致，同时上升或同时下降。

相反，当达到屏幕上的某个位置时，如果两个波经过的路径长度之差是波长的半整数倍，那么新生成的波的振幅正好等于 0。

也就是说，电子到达这个位置的概率正好为零，这被称为"相消干涉"（destructive interference）。在相消干涉中，新生成的波的振幅为零，原因是部分波的振动一个上升，另一个下降，使之相互抵消。

在既不是相长干涉，也不是相消干涉的一般情况下，新生成的波的振幅是介于最大值和最小值之间，即部分波的振幅之和和最小值 0 之间的任何值。

我们看到的结果是，在屏幕上，大量电子的相长干涉区域，和少量相消干涉区域相互交错，就像条纹带一样，这就是电子的干涉模式。具体请参照图 2 下方那幅图。

简单来讲，在量子力学的世界里，电子可以选择所有连接十字路口的岔路，但是对所经之路的"记忆"会互相干涉，以至于影响电子到达最终目的地的概率。

由此，我们了解到了人和电子行为方式的不同。如果你向别人坦白说，直到现在你才弄明白原本就该明白的事情，或许对方会觉得很荒唐可笑。这样说来，人和电子的确有着本质上的不同，这岂不是理所当然的事情吗？但是，物理学家会告诉你这种认识是有局限性的。

在《蚁人 2：黄蜂女现身》（Ant-Man and the Wasp）这部漫威电影中，蚁人体型被缩小，并来到了一个比原子还要小的世界，也就是所谓的"量子领域"。电影中所描述的量子领域，是一个现有物理定律不起任何作用，一切物体都飘摇不定的神秘世界。

作为观众，欣赏这样一部表现量子领域的电影，以及通过想象力视觉化塑造的电影新表达实在是不尽如人意。而对于物理学家来说，他们则会更加真切地感受到电影的局限性。例如说，包括蚁人在内的角色只是体型变小了，但其行为与在宏观世界里的表现却别无二致，毫无新意。

当然，如果用量子力学来表现所有的这些人物，影视作品就会显得十分晦涩。即便如此，从物理学家的角度上来看，所有角色在量子领域的行为，跟他们在经典力学领域的表现并无明显差别，这从逻辑上来讲是自相矛盾的。也就是说，在电影中，所谓的量子领域虽然是一个神秘的世界，但在那个世界的人们不受量子力学定律的制约。从逻辑上讲，在量子领域，人们也应该同电子一样像波那样振动。（有意思的是，在片中饰演反派的幽灵在宏观世界中反而表现得像波一样振动。）

电子之所以像波一样振动，是因为受到波函数的支配。接下来，让我们具体了解一下波函数到底是什么，电子为什么表现得如此奇怪。

波函数是钟表的秒针

听起来也许有些莫名其妙，事实上波函数是个箭头符号，原因在于它具有大小和方向性。首先，波函数的大小是指波的振幅，把它平方后就成了概率。那么，波函数的方向是指什么？

前面已经提到过，为了描述波动，我们需要两个信息，一个是振幅，另一个是波长。波长与振动的时点有关，也就是说，知道了振动的时点，就能清楚做周期性反复运动的物体是处在上升的时点，还是处在下降的时点，这可以根据波长来判断。

　　关于做周期性反复运动的物体的上升和下降，是不是有大家比较熟悉的物体呢？正是月亮。月亮以一个月为周期，反复在新月、满月、残月形态间变化，大小也随之变换。月亮的形态之所以发生变化，是月球绕地球自转造成的，也就是说月亮的周期性变化是由于月球自身的旋转。不仅是月亮，所有的振动在任何时候都与某种物体的旋转有关。

　　波函数的振动也不例外，这就是波函数具有方向性的原因。关于波函数的方向性，在专业上被称作"相位"。有趣的是，月亮变成新月、满月和残月等各种圆缺形态的变化也叫"相位"。从这个意义上来讲，波函数不是简单的箭头，而是旋转的箭头，即钟表的秒针。

图3　寓言《杨氏双缝实验与量子时钟》

　　有一则关于波函数是时钟秒针的寓言，寓言的题目叫《杨氏双缝实验与量子时钟》，如图3所示。

　　我们的主人公——电子，佩戴着"量子时钟"登场了。所谓量子时钟，是只有唯一一个秒针转动的时钟，这个唯一的秒针便是波函数。与普通时钟最大的区别在于，量子时钟秒针（波函数）的长度有时会发生变化。波函数秒针的长度非常重要，因为电子在特定时刻会立即显示出在那个位置存在的概率。

一天清晨，电子伴随着嘈杂声睁开了眼睛，恍惚中电子很快发现自己从电子束枪中被发射出来，正在高速飞行。糟糕的是，电子还发现自己正朝着并列分布着两条狭窄缝隙的墙壁快速逼近。

为防止撞到墙壁上，电子必须做点什么。面前有两条狭窄的缝隙，从哪条缝隙中溜出去呢？急中生智的电子突然想起来自己既是粒子，又是波。现在，电子不用再烦恼该选择哪条缝隙了，而是决定尝试采取"波分身术"，将自己分割成两个波。

这种分身术的特点是，当电子的分身出现的那一刻，所有的分身也会拥有属于自己的量子时钟。换句话说，量子时钟也会被复制。但随之而来的是，波函数秒针的长度会变小。

进一步来讲，在这种情况下，两个分身量子时钟的波函数秒针的长度将减少到原来长度的 $1/\sqrt{2}$。为什么一定是 $\sqrt{2}$ 呢？因为波函数秒针长度的平方等于概率。也就是说，每个分身存在的概率是原来电子存在概率的二分之一，即一半。

那么，波函数秒针的方向会发生什么变化呢？两个分身的波函数秒针是同步的，也就是说波函数秒针的方向是一致的。现在，电子的两个分身顺利地从不同的缝隙中溜出来了，自由飞翔，波函数秒针也正常转动。

但不幸的是，电子的两个分身不可能始终那么自由自在，因为有个巨大的屏幕挡住了它们的去路。现在，连逃脱的缝隙都没有了。直接撞击屏幕的后果是"粉身碎骨"，在分身电子消亡的位置上，又会出现原来的电子。

此时，有趣的是，在两个分身相遇且消亡的位置，原有电子再现的概率不一定是1，其概率是由两个分身的量子时钟的波函数秒针决定的。正如前面所说，电子出现的概率取决于它的波函数秒针的长度。那么，再次出现的电子的波函数秒针将是怎样被确定的呢？

答案很简单，再次出现的电子的波函数秒针是两个分身的波函数秒针相加之和。不过，秒针不是单纯的数字，两个秒针怎么可能相加呢？在这里，让我们重温一下吧，请记住时钟秒针基本上像是一个箭头，那么，两个箭头加起来的和到底是什么呢？

如果把箭头想象成一种力，会更容易理解。指向不同方向的两个力相加，从而产生新的力，当两个力分别为平行四边形的两个相邻边时，便会得出对角线。

还是举例来说吧，为了推动一辆汽车，两个大力士就要朝着同一个方向用力。当整个力的方向与单个力的方向一致时，强度是单个力的两倍。此时，是用两倍的力在推动汽车。相反，如果两个大力士以同样的力各自朝相反的方向推动汽车，这种情况下，两个人的力相加产生的整个力会因互相抵消而变成零，汽车根本不会挪动。如果两个力不是完全朝着同一个方向，但也不是完全朝着相反的方向，如上所述，这种情况下两个力相加，会得出平行四边形的对角线生成新的力。

言归正传，再次出现在屏幕上的电子的波函数秒针，是两个分身的波函数秒针相加之和。如上所述，若两个分身的波函数秒针方向一致，再次出现的电子的波函数秒针长度将变成原来的两倍，也就是说，电子再次出现的概率达到最大，这种情况是相长干涉。反之，当两个分身的波函数秒针所指方向相反时，再次出现的电子的波函数秒针长度为零，换句话说，电子出现在那个位置的概率是零，这种情况是相消干涉。如果两个分身的波函数秒针方向既不一致，也不相反，加在一起的话，那么电子的概率是介于最大值和最小值 0 之间的数值。

总之，电子无须在两条缝隙中任选其一，就可以使用分身术顺利穿透墙壁，不过需要付出代价。所谓的代价是，当电子到达屏幕时，不清楚它究竟会出现在什么位置，只能依赖所谓的概率。这不正应了那句"天下没有免费的午餐"吗？这便是在微观世界中发生在电子身上的故事。

到这里，寓言还没有结束，还有一件非常重要的事情，就是当原有电子重新出现在屏幕上的瞬间，电子的量子时钟就被破坏了。也就是说，虽然电子的量子时钟决定了电子重新出现的概率，却在出现在屏幕上的那一刻就被破坏了。因此，我们在电子的量子时钟中看不到波函数秒针的实际运行。分身的量子时钟也会随着分身而消亡，因此无法重新恢复被破坏的电子的量子时钟。这也就很好解释了，波函数虽然实实在在地存在着，却不会显露出来。

如果稍微解释得专业一点，当电子到达屏幕时，检测其位置的行为叫"测量"（measurement）。在量子力学中，有一种最标准的解释用来诠释测量的物理意义，叫作哥本哈根诠释（Copenhagen interpretation）。根据哥本哈根诠释，任何事物在物理上进行测量的瞬间，波函数就会坍塌。

我们之所以看不到波函数秒针的运行，是因为首先一定要进行测量。但不幸的是，在测量的瞬间，波函数就会坍塌。

波函数到底为什么会坍塌？下面的故事会更加有意思。波函数到底为什么会坍塌是由测量的性质来决定的，也就是说是由测量什么类型的物理量来决定的。

举例来说，在杨氏双缝实验中，用屏幕来测量电子的位置。在这种情况下，波函数给出电子出现在屏幕各个位置的概率，然后坍塌。如果说要测量的是其他物理量，而不是位置，那么波函数会在给出每个测量值发生的概率后发生坍塌。

如上所述，根据我们做的各种测量，测量的结果也会随之改变。虽然很难令人相信，但事实就是这样。正因为如此，令人难以置信而又神奇的量子力学才更加妙趣横生。不过，越是这样，越要格外用心。为了避免陷入混乱，我们需要进行更加细致缜密的学习和理解。

最神奇的数学公式

有这样一个公式，被伟大的物理学家理查德·费曼称为"最神奇的数学公式"，即欧拉公式（Euler's formula）。

这个公式为与旋转有关的观点提供了严谨的数学支撑，这里提到的旋转是指所有的振动在任何时候以某种形态进行的旋转。换一种说法就是，这个公式从数学上验证了波函数是时钟秒针这一事实。欧拉公式如下：

$$e^{i\theta} = \cos\theta + i\sin\theta$$

上述公式之所以被称作"最神奇的数学公式"，是因为数学中最重要的几个概念都被浓缩在一个公式中，包括指数函数、虚数和三角函数等。

首先，在欧拉公式中最左边的 e 叫作"欧拉数"（Euler's number），其数值为 2.718 28……，这一数值十分重要，原因在于它定义了指数函数。

那么，什么是指数函数？事实上，我们经常用到指数函数的概念。例如，当提到"××急剧增长"时，通常表述为"指数函数的增长"，也可以形容为"几何级数的增长"。也就是说，指数函数和几何级数是大致相同的概念。

几何级数又是什么意思呢？简单来说，几何级数是高中阶段学习的等比数列，数列是指数字的排列。等比数列是数列中某个位置的数乘以某一特定变化的比例，得数为后一项数值的数列。例如，下面这个数列就是等比数列。

$$1, r, r^2, r^3, r^4, \cdots$$

这里的 r 就是变化的比例，这样的等比数列若以函数的形式写出来，具体如下：

$$f(x) = r^x$$

这个就是指数函数。

为了能够帮助大家理解"指数函数的急剧增长"这一概念，让我们来看一则古老的寓言故事——《大米和棋盘》。这则寓言流传过很多版本，无法确定哪个版本才是最正统的。不过，寓言的核心内容都相差无几。

从前有一个国王，他非常喜欢国际象棋，他想重金奖赏发明国际象棋的人。有一天，国王请来了国际象棋的发明人，承诺不管他想要什么，都可以作为奖励赐给他。国际象棋发明人提出想要大米作为奖励，并表明大米的摆放方法是在有 8×8 共 64 个方格的棋盘上，在第一格放一粒大米，第二格放两粒，第三格放四粒，以这种方式递增，每增加一格，就增加前一格两倍的大米。

一开始国王觉得这个奖励太简单了，然而，他很快就发现这个奖励是根本无法颁发的。原因在于 $2^0=1$，$2^1=2$，$2^2=4$，$2^3=8$，$2^4=16$，$2^5=32$，$2^6=64$，$2^7=128$，…，$2^{15}=32\,768$，…，$2^{23}=8\,388\,608$，…，$2^{31}=2\,147\,483\,648$，…，$2^{39}=549\,755\,813\,888$，…，$2^{63}\approx9\,000\,000\,000\,000\,000\,000$。

由此可见，几何级数，即指数函数是以惊人的速度急剧增加的函数。几何级数有一个很有趣的特点，就是几何级数中相邻位置上数字的差异也是以几何级数级在增长。换句话说，指数函数其自身的变化也是指数函数，而且它的变化与微分有关。

简单来讲，微分是测量某个函数变化速度快慢的量。例如，对于时间来说，对用时间的函数给出的位置进行微分的话，就可以求出速度。同样，对位置来说，对某个位置的高度进行微分的话，那么就可以求出倾斜度。

数学小课堂

什么是微分？

微分，字面意思就是"细微地区分"。某个位置 x 的高度用函数 $f(x)$ 表示，要想求出当从初始位置 x_1 移动到最终位

置 x_2 时，高度会发生多少变化。高度的变化可列出如下算式：

$$\frac{\Delta f}{\Delta x} = \frac{f(x_2) - f(x_1)}{x_2 - x_1}$$

微分是测量因位置的微小差异而产生的非常细微的高度的变化。也就是说，所谓微分就是当位置 x_2 越来越接近 x_1 时，所产生的高度的变化，即倾斜度。

$$\frac{df}{dx} = \lim_{x_2 \to x_1} \frac{f(x_2) - f(x_1)}{x_2 - x_1}$$

这里的 $\lim_{x_2 \to x_1}$ 是指 x_2 无限接近 x_1 时的极限值。或许有读者会担心，如果分母继续变小，微分值是否会无限增大？请放心，分母变小，分子也会随之变小，因此两者的比例会有限地保留。

另外，微分中也有偏微分的概念。这一概念表示函数依赖两个变量，而不只是一个变量，非常实用。例如，在地图上，"位置"用两个坐标，即用 x，y 进行标记，这种情况下，高度函数用 $f(x, y)$ 表示。偏微分是固定其中一个变量，对另一个变量进行微分。

$$\frac{\partial f}{\partial x} = \lim_{x_2 \to x_1} \frac{f(x_2, y) - f(x_1, y)}{x_2 - x_1}$$

$$\frac{\partial f}{\partial y} = \lim_{y_2 \to y_1} \frac{f(x, y_2) - f(x, y_1)}{y_2 - y_1}$$

上述两个偏微分方程分别代表 x 方向和 y 方向上的倾斜度。

只要调整好指数函数的变化率 r，就可以把指数函数和它的微分值调整到完全相同，变化率就是欧拉数 e。

自身和微分值完全相同的指数函数非常重要。事实上，我们通常所说的"指数函数"就是指这样的函数。因为这是一个很重要的函数，所以一定要牢记。

$$f(x) = e^x$$

再强调一下，即使看起来有点复杂，但是欧拉数的数值 $e = 2.718\,28\cdots$仅仅是个单纯的数字而已。在《大米和棋盘》的寓言中，如果要求每到下一格大米的数量的增加值不是 2 倍，而是 $2.718\,28\cdots$倍的话，那么大米的个数就会以指数函数级增加。

除了欧拉数，欧拉公式的左边还有一个在数学上很重要的概念，就是虚数 i。虚数 i 是一个平方后等于 -1 的数。但是，所有被测量的物理量都是实数，因此，虚数是实际上并不存在的数。

那么，我们为什么还需要虚数呢？

事实上，需要虚数的原因与需要波动函数这一奇妙现象的原因相似。前面我们讲过，实际可测量的量即使只有概率，波函数也必须存在。类似地，表现实际可测量的量即使是一个实数，虚数也要存在。

那么，虚数具体需要用在什么地方呢？确切地来讲，解方程时会用到。例如，让我们来解一个一元二次方程。

$$f(x) = ax^2 + bx + c = 0$$

我们能很容易地解出二次方程式，是因为采用了根的公式。

$$x = \frac{1}{2a}\left(-b \pm \sqrt{b^2 - 4ac}\right)$$

或许你已经想明白了，虚数是在平方根内的数 b^2-4ac 为负数时出现的数。很好，但是仅有这一项是不够的。与其说虚数是必须存在的，不如干脆说如此奇怪的求解根本不存在。虚数真正被需要的原因不是用在二次方程式上，它是在解三次以上的高次方程时才最有用。

在解二次方程的过程中，出现了一个新的数，即虚数。乍一想，在解三次方程的过程中，可能就会出现一个既非实数也非虚数的新的数。同样，在解四次方程的过程中，还可能出现另一个新的数。如此反复，可能还会无限地出现其他类型的数。尽管在这里不能一一予以证明，但是，所幸也没有出现不是虚数的某种新的数。

这就意味着仅凭实数和虚数就能建立起完整的数的体系。反过来说，就是若要建立完整的数的体系，仅有实数是不够的，还要有虚数。

最后，欧拉公式的右边出现了另一个重要的数学概念——三角函数。具体说来，是出现了正弦和余弦函数。正弦和余弦函数是用来表示振动形态的最典型的数学函数。

数学小课堂

什么是三角函数？

三角函数是源于古代天文学家为测量星体之间的距离而发明的概念。他们相信，天空呈圆形环绕着地球，而星体是镶嵌在这个圆形天空，即天球（celestial sphere）上的一种宝石。古代天文学家希望通过观测便可以测量出两个星体之间的角度，并在此基础上估算出它们在天球上的距离。

两个星体的角度乘以从地球到天球的距离，就能得出在天球上两个星体间的距离。然而，在当时很难测算出从地球到天球的距离。古代天文学家一直希望有一天能掌握这个数据（当然，从现代的观点来看，天球本身就是不存在的）。

此外，还有一个难题。在古代，根本无法测量天球表面的距离，即圆周的长度，当时还没有圆周率这个概念。因此，古代天文学家发明了一种方法，将位于一定角度上的两个星体用虚线连接起来，将这段虚线的长度，也就是弦的长度，来定义两个星体之间的距离，用来代替圆周的长度，即弧的长度。简单来说，三角函数是设定角度，就能求出弦的长度的函数。进一步展开来讲，三角函数是表示直角三角形中三个边之间关系的函数。不妨先来看一下著名的毕达哥拉斯定理（Pythagorean theorem）。

$$a^2 + b^2 = c^2$$

公式中 a 和 b 分别是直角三角形中相互垂直的两条边的长度，c 是直角三角形中斜边的长度。当然了，直角三角形还有三个顶点。其中，长度为 a 的边相对应的顶点的角是 A。角 A 的正弦、余弦和正切函数定义如下（关于其他角的三角函数的定义亦相同）：

$$\sin A = a/c$$

$$\cos A = b/c$$

$$\tan A = a/b$$

三角函数的一个重要属性是正弦函数的平方与余弦函数的平方相加之和总等于 1。

$$(\sin A)^2 + (\cos A)^2 = 1$$

以上就是毕达哥拉斯定理。

总之，欧拉公式说明，当指数函数和虚数相遇时，就会出现三角函数。打个比方，如果在已放入实际存在的数（实数）且毫不顾忌地膨胀的爆米花机（指数函数）中，再放入虚拟的数（虚数），传出的将是优美的音乐（三角函数），而不是砰的一声炸响。

欧拉公式告诉我们，在数学中，上述完整的数的体系可以在以实数和虚数为轴组成的二维平面上实现。大家要记住，这个由实数和虚数组成的完整的数被称为"复数"。

现在，让我们把欧拉公式的右边部分想象成某个复数，这个复数的实数部分是 $\cos\theta$，虚数部分是 $\sin\theta$。如果说把这两个数当成在实数和虚数轴上的坐标，那么就可以在二维平面上用一个点来表示这个复数。换种说法就是，利用三角函数的属性，即毕达哥拉斯定理来表示，这个复数就是半径为 1 的圆上的一个点。详见图 4。

从图 4 可以看出，θ 代表角度。如果角度发生变化，复数就会在圆上旋转。还记得吗，振动是不是与某种物体的旋转有关系？

当然，复数的大小不一定总是1，复数一般是在二维平面上的任意一点。因此，复数可以有不同的大小和方向。不过，具有大小和方向的数字，之前就听过类似的说法吗？

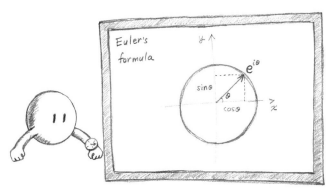

图4 欧拉公式

没错，这种说法指的是波函数。因此，波函数通常也可以表示为复数，如下所示：

$$\psi = Re^{i\theta}$$

其中，R 表示波函数的大小，即半径，θ 是波函数的方向，即角度。

需要强调的是，R 的平方表示粒子存在于指定位置的概率。但是，θ 在测量的瞬间会隐藏起来，仿佛若隐若现的海市蜃楼。综上所述：

波函数是以复数表示的时钟秒针，量子力学是解释波函数在时空里如何变化的理论。

经典世界观的终结

在牛顿运动定律所统治的经典力学世界中，万物都像精密机器一样，被精确的因果关系联系在一起。我们所做出的选择也是这种因果关系中的一部分。因此，严格说来，我们所有的选择都预示着特定的结果，我们的行为只不过是完成选择的过程而已，这是一种机械论世界观。但是，如果说我们的选择早已经有了结果，那么选择到底还有什么意义？

量子力学的世界观认为，所有事件都会同时发生。只不过，所有事件都相互干涉，最终结果是用概率来表示的。从某种意义上说，我们从来不是只做一种选择，而是同时会做出产生不同结果的选择，这是一种概率论世界观。但是，如果我们的选择只是概率，那么选择究竟意味着什么？

实际上，人类是不可能同时做出所有选择的。量子力学描述的是微观世界中所发生的事情，但是，我们并没活在微观世界里。

这样，就出现了一个重要的问题。微小粒子所存在的微观世界和我们人类存在的宏观世界之间的边界在哪里？量子力学的世界何时结束，经典力学的世界何时开启？更进一步来讲，经典力学的世界何时结束，统计力学的世界会何时开启？

所谓统计力学，简单地讲是用统计的方式来描述大量粒子聚合形成的各种物质状态的物理学。统计力学最重要的目标之一是理解热，从更本质的角度来讲，是理解无序。当然，随着粒子数量的增多，混乱无序程度就会增大。（在物理学中，这种混乱无序程度被量化为熵，关于熵，我们将在后续的章节中进一步阐述。）简而言之，统计力学的世界就是人类生存的宏观世界。

索性我们就再进一步了解一下，生命到底起源于受统计力学支配的无序世界的哪个地方？生命在何时获得了智慧？而那些获得智慧的生命体何时拥有了自由意志？

所谓的自由意志就是存在吗？

只有当拥有了自由意志时，我们才能自由地去做出选择。如果没有了自由意志，意味着我们就失去了选择的自由。

接下来，让我们先聚焦于另一个非常重要的问题，这个问题的答案会有助于解答其他疑难问题。粒子在微观世界中像波一样活动，乍一想，振动的波似乎都无法形成坚硬的物质。最终，振动的波到底是如何变成坚硬的物质的呢？所有的物质都由原子构成，因此，从根本上来讲，这个问题应该这样表述：

波如何形成坚硬的原子？

第二章

原子：普适论

小王子来自小行星 B-612，促使小王子离开他的小行星来到地球上的原因是玫瑰花。有一天，玫瑰花的种子落在了 B-612 上，并绽放了美丽的花朵。但是，玫瑰对小王子要求得太多，它总是絮絮叨叨，怕风，需要阳光，还需要小王子的照顾。

　　虽然小王子爱着玫瑰，但也无奈，倍感辛苦。因为对二者来说，都是第一次与他人建立关系。于是，小王子想离开玫瑰，去见识更广阔的世界。终于，小王子踏上了旅程，在到访过六颗行星后，第七站他来到了地球。

　　到达沙漠后，小王子原本以为地球上没有生命。后来，他遇到一条黄色的蛇。黄蛇告诉小王子，如果想回家，随时都可以来找自己，并声称它拥有送小王子回家的能力。

　　后来，小王子来到一处花园，那里盛开着无数朵玫瑰花。他顿觉自己非常不幸，因为他这时才意识到，原本以为自己拥有了宇宙中唯一的玫瑰花，现在看来却只是一朵再普通不过的花。

"我一直以为自己是一位拥有一朵鲜花的富翁，可是，它却只是一朵普普通通的玫瑰。尽管我拥有玫瑰和三座高度及膝的火山，其中一个可能还是死火山。看来我也不是什么了不起的王子。"

一只狐狸慢慢靠近正在哭泣的小王子，请求他驯养自己。小王子不知道驯养是什么意思，狐狸就解释给他听。直到这时，小王子才意识到他的玫瑰花是最特别的。小王子的玫瑰花虽然是宇宙中数不胜数的玫瑰花之一，但因为它每日陪伴小王子左右，对他来说恰恰是特别的存在，因为他们"驯养"了彼此。这一天正好是小王子来到地球一周年的时间，他找到了黄蛇。当晚，B-612出现在小王子的上空，正是他当初在地球上的着陆点，此时小王子的脚踝也开始闪烁着金色的光芒。小王子又返回了自己的星球。

每次阅读圣·埃克苏佩里创作的《小王子》时，都感到心潮澎湃。对小王子来说，玫瑰花是特别的，这一点毋庸置疑。但是，小王子的玫瑰花很特别，这在物理学上意味着什么呢？

所有的物质均由普适的物理定律来描述。尤其是，所有物质均由遵循普适物理定律的原子构成。相同种类的原子完全一致，也就是说从原则上来讲，像玫瑰花这样的物质，原子的组成基本上是一样的。只不过不同种类的玫瑰花，原子的组成会稍有不同，或者即使原子的组成是相同的，但是结构上略有不同而已。那么，是这种细微的差异使小王子的玫瑰花变得特别了吗？

图 5 小行星 B-612

　　我愿意相信是这样的。但是，如果仅仅将我的直觉告诉读者，未免过于草率。再联想到书中提到的狐狸对小王子解释驯养意义的场面，实在是难以自圆其说。

　　我们将通过这本书来了解现实并不都是凄凉的，对于包括玫瑰花、小王子和狐狸在内的我们所有人来说，都有着只属于自己的独特意义。

　　要做到这一点，首先要了解构成物质的原子究竟是如何形成和运行的。如果说我们各自都有特殊性，那么一定存在让原子的普适性和我们的特殊性完成和解的方法。

人类来自星球

人类都来自星球。在大约 138 亿年前，一个密度、热度非常高的奇点爆炸后诞生了宇宙，这就是宇宙大爆炸。但是，大爆炸后并没有产生宇宙中存在的所有元素。爆炸产生的元素只有第一和第二轻的元素 —— 氢和氦，还有稍微重一些的锂、铍和硼。氢是构成人体的重要成分，但是氦、锂、铍和硼不仅在人体中所占比重较小，而且对维持人类生命几乎不起任何作用。

按质量划分，人体主要由六种重元素组成，即氧、碳、氢、氮、钙和磷，占比 99%。其余 0.85% 由五种重元素组成，分别是钾、硫、钠、氯和镁。还有一种重元素是铁，虽然它是比重排序第十二的元素，但它构成了血液中的血红蛋白，对维持生命非常重要。那么，这些对人体至关重要的重元素到底是如何产生的？

答案是星体。星体像一座"熔炉"，把轻元素"炼"成了重元素。从专业角度上讲，这种元素之核在星体中生成的过程被称为恒星，或者是星体"核合成"。

具体来说，大爆炸之后产生了质子和中子，质子和中子相互结合，形成重氢氘核。重氢彼此结合，产生稳定的氦核。（需要指出的是，在大爆炸之后，温度极高，核无法与电子结合，保持等离子体状态。为了方便起见，我们把元素核的产生表述为元素的产生。）

在大爆炸发生的三分钟后，宇宙因膨胀而温度骤降。尽管温度达到了 3 亿开尔文，这是人类难以想象的高温，但是这样的温度已经接近"低温"状态，根本无法生成质量超过氦的重元素。

此时就该星体登场了。

星际气体和尘埃受引力影响收缩，从而形成了星体。收缩的星体中心部位密度升高，温度随之上升。随着星体的中心温度上升，氢会相互结合，引起核聚变反应，生成氦。此时产生的热量以放射线的形式被释放出来，从而阻止因引力造成的收缩，在某一瞬间，由引力引起的收缩和核聚变引起的膨胀达到了平衡。

这种燃烧氢生成氦的核聚变过程，对人类来说相当重要，因为太阳就是以这种方式产生能量的。太阳这种星体通常被叫作"主序星"。

待氢气燃烧殆尽，核聚变就会结束，引力的收缩会再次启动。引力收缩意味着星体中心部位的温度重新升高，产生新的核聚变反应，从而制造出新的元素。星体正是以这种方式在引力收缩和核聚变引起的膨胀之间找到了暂时平衡，同时通过反复的崩塌，逐渐产生了重元素。

重元素构成星体的大气层，最终以风的形态释放到宇宙中。这种星体释放的元素之风被称为"恒星风"（stellar wind）。恒星风在星体周围形成像云彩一样的行星状星云。

事实上，比铁还重的元素被释放到宇宙中不仅是通过恒星风，还有更戏剧性的方式。首先，若要生成铁，星体的质量需要变大。那是因为，若想达到铁的核聚变，需要经过几个阶段的引力收缩和核聚变膨胀过程，使物质的量变大。在如此重的星体中心部位，一旦生成铁，就不会再重复先前的方式生成比它更重的元素了。也就是说，在星体中心部位，不会再发生可以阻止引力收缩的核聚变。现在，星体发生大规模的引力收缩，当温度和压力不堪重负时就会引发爆炸，这就是超新星（supernova）爆炸。如此看来，比铁还重的元素都是超新星爆炸后的产物。

简单概括一下，构成宇宙物质的元素基本上是以宇宙大爆炸所产生的氢和氦为基础，并在星体这个熔炉里"炼"成的。星体产生的元素要么通过恒星风慢慢扩散到宇宙，要么在超新星的爆炸中释放到宇宙中，而这些不同的元素恰如其分地聚集起来，构成了人体。因此，可以认为人类就是来自星球。

感觉十分浪漫吧，但这里有一个问题：不同的元素到底有什么区别，才使其具有不同的属性呢？例如，构成人体的最重要的元素是碳、氢和氧，而氢遇氧又成为水。所以，构成人体的大部分成分是碳和水，而碳和水具有截然不同的物理化学属性。

构成碳核、氢核和氧核的质子和中子只是数量不同而已，它们的共同点在于体积都很小、密度都很高，虽然核内也有内部结构，但通常我们所了解的元素性质并不是指核的直接属性。元素的物理化学性质取决于电子在核周围沿着哪些轨道运行，更准确地说：

元素的物理化学特性取决于电子在核的周围如何产生量子力学上的共振。

核只有在俘获电子后，才能真正成为元素。在下一节中，我们来了解一下电子在原子中是如何产生量子力学共振的。

原子模型的出现

历史上，物理学家一直在努力研究氢原子发出的光谱，量子力学的诞生要得益于这些研究成果。19 世纪末 20 世纪初，足以测量原子内部结构的精密实验技术——面世。1897 年，约瑟夫·约翰·汤姆逊（Joseph John Thomson）发现阴极射线管（cathode ray tube）产生的光迹由带有负电荷的新粒子组成，且比氢原子轻 1 000 倍以上。汤姆逊发现的粒子正是电子。

发现电子后，汤姆逊紧接着提出了自己的原子模型。在英国，葡萄干布丁深受人们喜爱，它是一款甜点，在球状布丁中镶嵌着葡萄干等干果类水果，汤姆逊从中受到了启发，他提出了葡萄干布丁模型：正电荷平均分布在一个球形的空间里，而电子就像葡萄干布丁里的葡萄干一样，一个一个镶嵌在里面。

但是，在葡萄干布丁模型中，负电荷和正电荷分布得并不对称。为什么负电荷像葡萄干一样由小粒子聚成一团，而正电荷像布丁一样均匀地散落在空间里？如果单从能量角度来考虑，正电荷最好也能由小粒子聚在一起。

试想一下果真能这样的话，现在因为电子比氢原子轻 1 000 多倍，具有正电荷的粒子将比电子重很多。这样一来，原子不就成了一种轻的电子在具有正电荷、重的电子周围旋转的小太阳系了吗？这种推测后来通过欧内斯特·卢瑟福（Ernest Rutherford）的实验得到了验证。

1911 年，卢瑟福与他的同事汉斯·盖格（Hans Geiger）和学生欧内斯特·马斯登（Ernest Marsden）共同进行了一项金箔实验，卢瑟福在讲述这项实验的物理意义时，提出了原子的太阳系模型。金箔实验的目的在于研究氦 –4 的原子核（当时被称为 α 粒子）被射向金箔后所产生的现象，结果令人大吃一惊。大多数 α 粒子穿过了金箔，但也有少量 α 粒子完全反弹了回来。卢瑟福对这个结果十分惊诧，他描述说：

"这是迄今为止在我一生中发生的最令人难以置信的事件。这就如同你把 15 英寸口径的炮弹射到纸巾上，炮弹又弹回来击中了你一样，真的是匪夷所思！"

卢瑟福推测认为金箔实验的结果是可以解释得通的。假设存在这样的粒子：在金原子中心携带正电荷，质量占金原子比重大，且密度极高，具有这种正电荷的粒子非常小，与 α 粒子碰撞的概率也近乎于零。因此，几乎大部分 α 粒子穿过了金箔。但是，在原子中心且具有正电荷的粒子发生碰撞时，有的 α 粒子会顺势向后反弹，这种粒子就是原子核。原子就成为电子围绕原子核旋转的小太阳系。

不过，这种把原子看作小太阳系的概念中，隐藏着一个深刻的问题。与围绕太阳旋转的地球不同的是，电子是带有电荷的。电子围绕原子核快速旋转，就像一个小天线一样，快速旋转的电子会产生强烈的电磁波，并迅速失去能量。根据经典力学及电磁学的计算，电子在大约 10 微微秒，即千亿分之一秒之内，就会落入原子核内。当然，如果电子掉入原子核，原子也就消失了。

简直太离谱了！那要怎样做才能维持原子的稳定，使宇宙继续存在呢？宇宙的命运如何才能被拯救？

玻尔原子模型

解决人类宇宙存在论问题的线索，从 20 世纪初物理学的最大的谜团中渐露端倪，那就是加热的原子所产生的光的波长被不连续地"量子化"，如下面的数字所示。（所谓的量子化是指物理量具有不连续的值。值得一提的是，"量子"一词来自拉丁语，意思是"多少"，即数量。）

656.279nm，486.135nm，434.047nm，410.173nm

其中，nm 表示纳米，等于 10^{-9} 米，即亿分之一米。被加热的氢气发出的光通过棱镜后，被不连续地分解成具有上述波长的光，不同的波长代表着不同的颜色。例如，波长为 656.279nm 的光呈红色，波长为 486.135nm 的光则呈天蓝色。真的十分奇妙！

被加热的氢气发出的光为什么会呈现出不同的颜色呢？

1885 年，瑞士有一位数学老师，名叫约翰·巴尔末（Johann Balmer）。有一天，巴尔末的同事鼓励他设计一个公式来解释氢的光谱，当时同事只是半真半假地给他开了个玩笑，因为在没有物理知识背景的情况下，想要摸索出量子化的光谱波长之间的数学关系，就相当于随机玩玩数字游戏。孰料巴尔末竟然在进行"数字游戏"的过程中真的发现了一个简练的公式，后来被称为"巴尔末公式"。具体如下：

$$\lambda = B \frac{n^2}{n^2 - 4}$$

这里的 λ 是指氢气中发出的光的波长，B 是一种单位波长，具体数值为 364.507nm，n 是比 2 大的整数。在这个公式中，当 n 的值为 3、4、5、6 时，虽然有一些误差，但与实验结果惊人地吻合。（这个误差是由各种扰动引起的，包括被称为"微结构"的相对论效应。）

原本只是被简单地视为一项有趣的数字游戏，但巴尔末公式的确是非常准确地描述出了氢原子产生的光谱。公式如此准确，背后的原因是值得探究的。

瑞典物理学家约翰尼斯·里德伯（Johannes Rydberg）也产生过类似的想法，他在思考了氢原子光谱的问题后，对巴尔末公式做出微调：

$$\frac{1}{\lambda} = R_H \left(\frac{1}{2^2} - \frac{1}{n^2} \right)$$

这里的 $R_H=4/B$ 被称为"里德伯常量"（Rydberg constant），虽然看起来似乎没有什么特别之处，但是里德伯通过把巴尔末公式倒置后，自己最初的想法差点也被颠覆了。将同样的公式倒置过来，不仅看起来更像代数公式，并且隐藏在其中的数学结构也像魔法一样显现出来，具体来说就是可以将括号内分母中的数 2^2 置换为普通整数的平方 n'^2。

$$\frac{1}{\lambda} = R_H \left(\frac{1}{n'^2} - \frac{1}{n^2} \right)$$

这里的 n' 是比 n 还小的正整数，这就是著名的里德伯公式（Rydberg formula）。

看到这样的公式，我产生了一个有趣的想法。或许，所谓氢气发出的光，会不会就是电子从高能量状态坠入低能量状态时被释放出来的呢？

$$E_{photon} = E_{high} - E_{low}$$

光被量子化为光子。这里的 E_{photon} 代表光子的能量，E_{high} 和 E_{low} 分别代表电子的高能量值和低能量值。

根据爱因斯坦的光电效应理论，光子的能量和光的波长存在以下关系：

$$E_{photon} = \frac{hc}{\lambda}$$

这里的 h 是普朗克常数，c 是光速。现在，把这个关系式与里德伯公式结合起来，就会得出如下结论：

$$E_{photon} = \frac{hc}{\lambda} = Ry\left(\frac{1}{n'^2} - \frac{1}{n^2}\right) = E_n - E_{n'}$$

其中，$Ry=hcR_H$ 被叫作"里德伯能量单位"（Rydberg unit of energy）。按照前面的想法，E_n 和 $E_{n'}$ 分别对应 E_{high} 和 E_{low}。由此可以得出的结论是，电子的能量在氢原子中应该被不连续地量子化。

$$E_n = -\frac{Ry}{n^2}$$

如上述公式中所示，n 是表示电子状态的正整数。也就是说，氢原子发出的光，是在电子从拥有 E_n 能量的状态下降到拥有 $E_{n'}$ 能量状态时所产生的。

需要强调的是，能量值处于最低状态时被称为"基态"（ground state），高于基态的能量状态通常被称为"激发态"（excited state），而这种具有量子化能量的状态统称为"能级"（energy level）。但是，能量真的能以这种断断续续的状态存在吗？如果说能量真的可以被量子化，一定是有原因的。

1913 年，为了解释在氢原子内电子的能量可以被量子化，尼尔斯·玻尔（Niels Bohr）像当年巴尔末那样，在没有任何物理依据的情况下做了一个假设，即角动量被量子化成普朗克常数的整数倍。

$$L = n\hbar$$

在这个公式里，n 是大于 0 的整数，$\hbar$ 被叫作"约化普朗克常数"，它等于普朗克常数 h 除以 2π。（竞猜：n 为什么不能等于 0？）

顺便提一句，如果说普通的动量是测量直线运动强度的物理量，那么角动量就是测量旋转运动强度的物理量。在数学上，角动量是距旋转中心的距离 r 和动量 $p=mv$ 的乘积。其中 m 是电子的质量，v 是电子的速度。因此，电子的角动量被表述为：

$$L = mrv$$

根据玻尔假设，得出以下方程式：

$$mrv = n\hbar$$

这里，我想强调一点，玻尔并没有严谨的理论依据，纯粹就是为了解释实验结果而设计了一个"小把戏"。大多数人普遍认为，科学家总是在充分的理论依据基础上，逐步通过逻辑推理，发现重大理论。当然，确实有很多这样的事例。不过，在没有充分依据的情况下，仅凭物理的直觉往往也能取得重大突破，玻尔假设便是一个很好的例证。

现在，让我们来看一看玻尔假设是否真能把电子的能量量子化。在氢原子内，电子的能量由两部分组成：一个是电子自身运动产生的动能，另一个是由电子和原子核相互牵拉的电力引起的位能或势能。

$$E = \frac{1}{2}mv^2 - \frac{e^2}{r}$$

公式中的 e 是电子的电荷，我们要搞明白电子的速度 v，电子和原子核之间的距离 r 是如何量子化的。

什么是动能和势能?

基础物理学课堂

动能的概念是直观的，速度越快，运动的强度越强，动能也就越大。具体来说，动能与速度的平方成正比。（竞猜：为什么是这样的？）

另外，势能的概念需要具体来解释。势能也被称作"位能"，原因在于，即使没有任何速度，只要处于一定的位置，就能产生特定的能量。位能是看不见、摸不着的，从这一点上来说，亦被称为"潜在的能量"。

不妨想象一下，现在我们坐上了过山车。过山车的原理是，在从轨道最高点的位能被转换成动能的过程中，过山车开始运动。从物理学角度来讲，我们感受到刺激，是由于过山车动能的变化，即加速度的存在。虽然动能和势能能够相互转换，但二者的整体能量总和保持不变，也就是通常所说的"能量守恒定律"（energy conservation law）。

首先，为了保持电子轨道的稳定性，原子核拉动电子的电力必须与电子运动产生的离心力保持平衡。

$$\frac{e^2}{r^2} = \frac{mv^2}{r}$$

公式的左边表示由所谓的"库仑定律"描述的电场力，根据库仑定律，电场力与距离的平方成反比，这与牛顿万有引力定律一致。公式的右边表示离心力，离心力与速度的平方成正比，与距离成反比。说得通俗一点，离心力是当物体旋转时产生的向外作用的力。整理一下这个公式，如下所示：

$$mrv^2 = e^2$$

其次，如果要表示角动量的量子化条件，电子的速度被量子化应按如下公式所示：

$$v = \frac{e^2}{n\hbar}$$

（这个公式对前面提到的问题，即 n 为什么不能为零这个问题，给出了提示。）经过类似的代数操作，电子轨道的半径也会被量子化，如下所示：

$$r = \frac{\hbar^2}{me^2} n^2$$

最后，利用上述两项结果，在氢原子中求电子能量的公式如下：

$$E = \frac{1}{2}mv^2 - \frac{e^2}{r} = -\frac{Ry}{n^2}$$

公式中，$Ry = me^4/2\hbar^2$。终于，我们找到了一直想要的公式。不仅如此，更令人满意的是，现在我们可以将里德伯能量单位表示为更基本的物理常数，即电子的质量、电子的电荷和普朗克常数。

综上所述，电子之所以能构成稳定的原子，而不落入原子核，是因为电子的轨道是可量子化的。尤其是，在被量子化的电子轨道中，半径有个最小值（当 $n=1$ 时），不可能再有比这个半径还小的轨道了。因此，电子是不会落入原子核中的。

可是，玻尔假设到底为什么会被验证通过呢？

波粒二象性

玻尔的原子模型虽然很成功，但也留下了诸多疑问。其中最大的疑问是"角动量为什么可以被量子化"。幸运的是，爱因斯坦对其做出了解释。这其实要归功于爱因斯坦了解当时路易·维克多·德布罗意（Louis Victor de Broglie）提出的波粒二象性理论。

但有趣的是，德布罗意的波粒二象性理论反过来又受到爱因斯坦光子理论的深刻影响。德布罗意认为，如果通常被认为是波的光也是粒子，那么通常被认为是粒子的电子也应该是波。德布罗意将这个想法写进了 1924 年发表的《量子理论研究》（*Recherches sur la théorie des quanta*）论文中。

根据论文中提到的波粒二象性，具有动量 p 的粒子像具有波长 λ 的波一样运行，在数学上，波粒二象性用下列公式来表示：

$$\lambda = \frac{2\pi\hbar}{p}$$

爱因斯坦认识到，使用德布罗意的波粒二象性理论可以导出玻尔的量子化条件。也就是说，玻尔的量子化条件，就是电子的波在圆形轨道上振动而引起共振的条件！

简单地说，所谓共振，就是波不会消失，并长期存在的现象。若要引起共振，正如第一章所描述的那样，必须发生某种相长干涉。

让我们来回顾一下，在杨氏双缝实验中，相长干涉是如何发生的。首先，当电子抵达并列存在两条狭缝的墙壁时，会分裂成两个分身。其次，电子的这两个分身穿过两条彼此不同的路径到达屏幕，并在屏幕上相遇。最后，两个分身同时消亡，原有电子再现。原有电子出现的概率取决于两个分身所具有的量子时钟的波函数秒针之和。当分身的波函数秒针方向一致时，就会发生相长干涉，概率增加。

现在，来看看原子的情况。就原子而言，电子的波在圆形轨道上振动，波绕圆形轨道运行一圈后，就会回到原来的位置。在这种情况下，不需要分身，波会与自身产生干涉。

那么，在圆形轨道上发生相长干涉的条件是什么？仔细想想，就会明白条件是圆周的长度是波长的整数倍。

$$2\pi r = n\lambda$$

图 6 有助于更直观地了解相长干涉的条件，这种通过相长干涉引起共振的波是驻波。

把共振条件和德布罗意的波粒二象性结合起来，会得出以下公式：

$$2\pi r = \frac{2\pi n\hbar}{p}$$

把右边分母中的 p 移到左边，我们终于能得出玻尔的量子化条件。

$$L = rp = n\hbar$$

是不是很完美？

不知道读者是否也感觉到了，尽管玻尔的原子模型很完美，但当时给物理学家留下的印象是，它还不是个完整的理论。究其原因，最主要的是，电子的波到底是实际存在的物理对象，还是仅仅是描述能量量子化所必需的数学概念，玻尔的原子模型对这一点并没有明确。那么，所谓电子的波到底是什么？

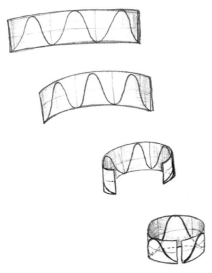

图 6　圆形轨道中发生相长干涉的条件

波函数的世界

很难搞明白电子的波，即波函数到底是什么。坦白地说，任何人都不敢说完全理解了波函数的含义，至今仍有许多物理学家在思考波函数的深层哲学意义。

我们暂时不会考虑波函数的哲学意义，还是先来看看玻尔模型中所蕴藏的实质性问题吧。

根据前面的描述，电子的波动仅限于在圆形轨道上，这到底是为什么？如果换一种角度来思考，所谓波动，通常不就是指在空间里扩散并进行的振动吗？电子的波动不应该是不受限于圆形轨道，在三维空间中的自由振动吗？

正常来说是这样的，但是电子的波动不是经典波动，若要描述电子的波动，需要一个新的波动方程式，这个描述新的波动方程式的理论就是量子力学，而关于量子力学的所有故事都是从波函数开始的。

在探索量子力学世界之前，让我们先来了解一下经典力学。经典力学中的所有故事又都开端于粒子的位置和速度，换句话说，如果已知粒子在特定时刻的位置和速度，那么，粒子的命运就被完全决定了。因此，从同时已知粒子的位置和速度这一点上来看，玻尔原子模型是经典力学，从角动量和能量可被量子化的角度来看，它同时也是量子力学。所以，从专业的角度来说，玻尔原子模型被看作"半经典力学"（semiclassical）。

若要探索真正的量子力学世界，一切都要立足于波函数的角度去思考。这句话的含义是什么呢？

粒子在空间中生成轨迹，而波弥散在空间内振动，两者的区别显而易见。根据量子力学，粒子和波只是波函数的不同形式，也就是所谓的波粒二象性。

如果说有一个能用来描述电子状态的波函数，这个波函数应该包含所有表示电子状态的信息。比如，这个波函数应该包含关于电子动量的信息。如果说电子只是经典力学粒子，那么电子的动量就是电子的质量乘以速度。但是，如果说电子是波，那么电子的动量又等于什么呢？

电子的波像大海的波涛一样，可以按照一定的速度传播扩散，这个速度就是电子的速度。接下来的问题就是质量，正如无法定义波涛的质量一样，电子波的质量也是无法定义的。如此看来，波函数的任何其他性质都不能笼统地用电子的动量来表述，不是吗？

不过，利用德布罗意的波粒二象性来解读，是可以做到的。可以表述为，电子的动量与波函数的波长成反比，我们重新将波粒二象性的公式表述如下：

$$p = \frac{2\pi\hbar}{\lambda}$$

现在，当给出某个波函数时，如何计算它的波长？波长是指振动的周期，而所谓的振动，是指波的周期性变化。因此，如果已知波变化的周期，就可以求出波长。那么，如果已知波变化的程度，是不是就能推算出波变化的周期呢？

如果看出波变化的程度是波函数的倾斜度，即微分值，就能算出波变化的周期。那么，最终波的动量会不会与波函数的微分值成正比呢？

在这里，让我们大胆地想象一下，所谓波的动量，事实上并不是普通的数，而是求微分的过程。例如，对 x 求微分，在数学上表述成：

$$\frac{\partial}{\partial x}$$

这被叫作"微分算子"，其意义是，当它的右侧出现某种函数时，可以对函数进行微分。

$$\frac{\partial}{\partial x} f(x) = \frac{\partial f(x)}{\partial x}$$

需要指出的是，这种微分是偏微分，之所以用偏微分的形式来表述，通常是因为波函数存在两个以上的变量。因此，所谓波函数的动量，不就等同于表示成如下所示的微分算子吗？

$$p = \hbar \frac{\partial}{\partial x}$$

这个猜测看起来似乎是正确的，但遗憾的是恰好相反。正确答案是：

$$p = -i\hbar \frac{\partial}{\partial x}$$

上面这个才是最终正确答案，因为只有这样定义动量，符合德布罗意波粒二象性条件的波函数才能成立。所以，波粒二象性公式并不是一个简单由数组成的方程，而是一个符合波函数条件的微分方程。（也就是说，波函数是微分方程的解。）

$$p\psi(x) = \frac{2\pi\hbar}{\lambda} \psi(x)$$

让我们用前面定义的动量算子重写这个方程，这里的 $k = \frac{2\pi}{\lambda}$ 被称为"波数"。

$$-i\frac{\partial}{\partial x}\psi(x) = k\psi(x)$$

简单来讲，这个方程是找到一个微分值与自身成正比的函数的方程。我们在第一章也学习了具有这种性质的函数，即含有虚数的指数函数。

$$\psi(x) = e^{ikx}$$

与第一章中学到的公式相比，这里的波函数角度是 $\theta = kx$，这意味着波函数的角度与距离成正比。也就是说，波函数的秒针保持与波经过的距离成正比，持续转动。用这个波函数描述的波被称为"平面波"。

在下面的章节中，我们将使用前面定义的动量算子来具体导出描述波函数动力学的方程，即薛定谔方程。

薛定谔方程

薛定谔方程的推导始于能量公式，能量是动能与势能之和。

$$E = \frac{1}{2}mv^2 + U(x)$$

为了方便起见，这里假设粒子在一维（x 方向）空间运动。现在，让我们重新用动量（$p=mv$）函数来表示动能部分。

$$E = \frac{1}{2m}p^2 + U(x)$$

之所以重新整理这个公式，是因为德布罗意的波粒二象性公式不仅仅是由数组成的方程式，而是同样可以转换为微分方程。为了将动量置换为微分算子，将能量公式转换成如下微分方程：

$$E\psi(x) = \left[-\frac{\hbar^2}{2m}\frac{\partial^2}{\partial x^2} + U(x) \right]\psi(x)$$

这就是薛定谔方程！

需要注意的是，将动量置换为微分算子的能量被称为"哈密顿算子"（Hamiltonian）：

$$H = -\frac{\hbar^2}{2m}\frac{\partial^2}{\partial x^2} + U(x)$$

如果用哈密顿算子来表示薛定谔方程，就变得更简单了，具体如下：

$$E\psi(x) = H\psi(x)$$

原则上来讲，所有量子力学的问题都可以用薛定谔方程来演算。只不过，问题是解薛定谔方程并不像口头上说的那么简单。通常情况下，求哈密顿算子的过程是非常复杂的。

接下来，让我们假设粒子不在虚构的一维空间，而是在三维空间中运动。那么，哈密顿算子可以轻松地扩展到三维空间。

$$H = -\frac{\hbar^2}{2m}\left(\frac{\partial^2}{\partial x^2} + \frac{\partial^2}{\partial y^2} + \frac{\partial^2}{\partial z^2}\right) + U(x, y, z)$$

描述氢原子中电子波函数的哈密顿算子的表达式如下：

$$H = -\frac{\hbar^2}{2m}\left(\frac{\partial^2}{\partial x^2} + \frac{\partial^2}{\partial y^2} + \frac{\partial^2}{\partial z^2}\right) - \frac{e^2}{r}$$

这里所提到的势能是由电子和原子核之间的电场力引起的库仑势能（Coulomb potential energy）。需要注意的是，库仑势能与电子和原子核之间的距离（$r = \sqrt{x^2 + y^2 + z^2}$）成反比，这与引力的情况相似。

原则上，如果能解出这个用哈密顿算子表示的薛定谔方程，就可以得出所有氢原子的能级。但是，一看便知，解薛定谔方程绝不是一件轻而易举的事。

幸运的是，我们掌握了氢原子的薛定谔方程是如何演算的，因为优秀的前辈物理学家已经成功地解开了它。（不过，我们不能在这里详细地解析这个过程，后面会有更详细的说明。）

先忽略解析过程，我们直接来看结论吧，解开氢原子的薛定谔方程得到的结果，与玻尔提出的原子模型的结果完全一致。也就是说，如果准确地解出氢原子的薛定谔方程，就会得到玻尔的原子模型所提出的能量公式。这里便出现了一个非常有意思的情况，与玻尔的原子模型如此吻合，完全是个意外。因为，严格来讲，玻尔的原子模型和薛定谔方程是完全不同的理论。

从历史上来看，由于玻尔的原子模型如此成功，许多物理学者都相信由波粒二象性理论延伸而来的量子理论是真实存在的。尤其是，有人试图将波粒二象性理论进行半经典力学式的拓展，就是利用一种叫作玻尔 – 索末菲量子化（Bohr–Sommerfeld quantization）方法的"早期量子论"（old quantum theory），但最终以失败而告终。

尽管如此，物理学家经过刻苦努力，终于探索出了真正的量子力学。从玻尔的原子模型获得的灵感，引领他们走上了正确的道路。事实上，玻尔的原子模型完全没有理由与最终发现的量子力学精确吻合，一切都是机缘巧合，科学的发展真是妙不可言。

那么，排除氢原子，其他原子的情况又如何呢？幸好，如果能够准确地理解氢原子，对于其他原子虽然做不到完全精确，但基本上可以用同样的方式来了解。氢原子和其他原子间的最大区别只在于原子核的电荷量，即原子序数的不同。一般来说，其他原子的原子核吸引的电子数量大于 1 个。

例如，碳原子核由 6 个质子和 2 个至 16 个中子组成，因此，碳原子核通常会吸引 6 个电子，当 6 个被吸引的电子在碳原子核周围产生和谐共振时，碳原子就产生了。那么，电子之间会不会相互作用呢？如果电子间产生强烈的相互作用，它们形成的共振结构也会变得非常复杂。不过，幸运的是，电子的相互作用力并不明显。

所以，碳原子可以被描述成只比电荷量稍大一点、具有与氢原子相同结构的原子，相当于电荷量可以被描述为经过校准的氢原子模型。换言之：

就像太阳系中的行星在不同轨道上，围绕太阳有规律地公转一样，原子中的电子也注入了电荷量经过校准的氢原子的不同能级，自然地产生共振。

重新梳理一下，只要解开相应的薛定谔方程，就可以知道对应的原子的能级。原子中的电子彼此独立活动，在这种情况下，关于原子的能级，可以理解为电子从低能量到高能量的顺序，把电荷量校正的氢原子的能级逐渐填充。这有助于我们理解宇宙中原子的普适结构。

那么，了解了原子的普适结构，是否就意味着了解了宇宙万物所具有的性质呢？

人、石墨和钻石

人就是一块潮湿的碳，这是由于人身体的大部分是由水和碳组成的。除去水，人基本上就相当于一块碳。那么，如果了解了碳，就能更好地了解人类吗？当然不是。

能够将碳和其他原子恰当地组合在一起的物质种类是无穷无尽的，正如同用几块乐高就能制作出大量不同的作品，用有限的像素就能制作出无数个图像一样。即使对碳有了很透彻的了解，也不太可能掌握碳和其他元素组合而成的所有物质。不过，需要指出的是，即使没有其他元素，单纯由碳就能组成性质完全不同的物质，比如石墨和钻石。

关于石墨和钻石，不仅价格上有差别，物理性质更是有天壤之别。石墨是黑色的，不透明，而且易碎；钻石是透明的，并且是世界上最坚硬的物质。但是，如此不同的两种物质竟然都是由一种叫作碳的原料组成的，两者之间的差别只在于碳原子组成的晶格结构。

石墨是由蜂窝状二维晶格结构的碳原子堆积成层。值得一提的是，这种二维晶格结构就是最近流行的一种叫作石墨烯（graphene）的物质，因此，所谓石墨就是由石墨烯像蒸糕一样层层堆积而成的物质。石墨烯之间的相互作用力相对薄弱，这种力被称为"范德瓦尔斯力"（van der Waals force）。范德瓦尔斯力很弱，从石墨的表面容易剥落就可以知晓这一点，这也是石墨被用作铅笔芯的理论依据所在。那么，为什么石墨烯会是六边形的蜂巢形状呢？

构成固体的原子的组合结构，主要由占据原子最外面的电子轨道，即由最外侧轨道决定。碳在最外侧的轨道上有 4 个电子。因此，碳就像有 4 个连接环向外延伸的乐高一样活动。

在石墨烯中，这 4 个连接环中的 3 个彼此形成 120 度角，伸展在二维平面上。伸展的 3 个连接环自然而然地与周围碳原子的其他 3 个连接环相连，所以二维晶格结构就成了蜂巢形状。那么，剩下的 1 个连接环去了哪里？这个连接环离开二维平面，伸向了三维空间，这个连接环中的电子脱离了二维平面，可以自由地浮动在二维平面的上方或下方。

相反，钻石是由碳的 4 个最外侧电子在三维空间尽可能扩展而形成。可以说，在钻石中，碳原子就是一个正四面体形状的乐高积木，正四面体在几何学中是非常稳固的结构，这个由正四面体乐高积木紧密结合，堆积而成的物质就是钻石，根据这种碳相互结合的方式，世界上最坚硬的物质就诞生了。

由此可见，碳既组成了石墨，又生成了钻石。那么，是什么让碳能够有所选择地分别生成石墨和钻石呢？

是温度和压力。相爱的恋人在做出爱情永不变质的承诺时，通常会把钻石戒指作为信物送给对方。事实上，在通常的温度和压力，即常温和 1 标准大气压条件下，钻石会非常缓慢地变成石墨，只有在高压条件下钻石才能保持稳定的结构。换句话说，有适合钻石形成的温度和压力，也有适合石墨形成的温度和压力。而且，石墨和钻石只不过是固态的碳，随着温度和压力的变化，它们也可能变成液体或气体状态。

当然，不仅仅碳是这样的。当设定温度和压力等外部的变量时，任何物质都会相应地改变状态。为了成为固体，原子必须自发地形成晶格结构。如何理解这一点呢？

实际上，原子可以在液体或气体状态下存在于任何空间。然而，在固态中，原子需要自发地形成与自身相适应的晶格结构，因为任何事物都不能对个别原子发号施令：你在这里，或者你在那里！而且，一旦形成晶格结构，原子就只能停留在该结构所允许的位置。换句话说，在这个空间里，所有位置都具有相同的性质，即平移对称性（translational symmetry）被自发打破，这在专业领域被称作"自发对称性破缺"（spontaneous symmetry breaking）。

碳通过自发对称性破缺，可以成为人，也可以成为石墨，或者钻石。

众所周知，宇宙遵循决定论在运行。例如，当苹果从树上掉下来时，它不是随时随地掉下来的。根据牛顿运动定律和万有引力定律，苹果会在预测的确切时间和地点掉落。换句话说，宇宙的"动力学"完全由物理定律决定。那么，在决定论的宇宙中有可能发生自发行为吗？或许，这种自发对称性破缺蕴藏着什么秘密，使包括玫瑰、狐狸和小王子在内的我们所有人都成为独特的存在？

第三章

光：不变论

世界上有永恒不变的事物吗

2001 年上映的韩国电影《春逝》讲述了一则凄美的爱情故事。有一天，主人公尚优骑着自行车跟在奶奶的后面，患有老年痴呆症的奶奶像往常一样，去火车站迎接已经去世的爷爷。尚优陪奶奶坐在火车站的椅子上，等待永远不可能回来的爷爷，他们在车站等了很久。最后，尚优告诉奶奶，"不要再等了，我们回家吧"。

后来，尚优偶遇了恩秀，在江陵一家电视台工作的恩秀是一名主持人。尚优是一名录音师，有一次他陪着恩秀到江原道采集录音。录音工作一直持续到深夜，尚优送恩秀回家。尚优对恩秀有好感，恩秀也感觉到了尚优对她的好感。来到家门口的恩秀没有径直走进家中，转身对尚优说：

"想吃拉面吗？"

图 7　电影《春逝》片尾画面

两人坠入了爱河。然而，一见钟情的两个人在对待爱情的态度上截然不同。尚优所向往的爱情是奶奶对爷爷那样纯洁无私的爱情，虽然爷爷有了外遇，但奶奶对爷爷的爱却从未改变。

恩秀却恰恰相反，她对爱情从来不抱有任何幻想。由于恩秀曾经结过婚，之前失败的婚姻生活让恩秀紧闭心门。另外，恩秀在和尚优相爱的同时，也和其他男人交往着，在对待爱情放荡不羁这一点上，跟尚优的爷爷十分相似。

最后，爱意渐渐冷却的恩秀先提出了分手，尚优伤心地说："为什么爱情会变呢？"

对尚优来说，爱情是永恒的。一旦变了，那么从一开始就不是真爱。可是，谁又能阻止爱情的变化呢？每个人对爱情的观点都是不同的……

我再重复一遍开头的那个问题：世界上真的会有永恒不变的事物吗？

不变的定律

古希腊哲学家赫拉克利特（Heracleitos）曾说过一句名言：

"世界上唯一不变的就是变化。"

这句话有些玄妙。如果单纯地认为这句话是正确的，就相当于陷入了矛盾旋涡，因为这句话的"真"与"伪"是相对的，这与埃庇米尼得斯（Epimenides）的悖论有异曲同工之妙。

"克里特岛的人，人人都说谎。"

这句话之所以被认为是悖论，是因为事实上埃庇米尼得斯自己也是克里特岛人。首先，假设埃庇米尼得斯的话是真的，可他也是克里特岛人，那么他说过的这句话就是假的；假设埃庇米尼得斯撒谎了，克里特岛人就不是说谎者，那么他说的话就是真的，再次回到了最初的假设，也就是说埃庇米尼得斯的话是真的。

严格来说，埃庇米尼得斯的"悖论"并不是悖论。为什么呢？现在不妨假设埃庇米尼得斯的话本身是假的。那么，这句话的相反意思并不是"所有克里特岛人都是诚实的"，而是"并非所有克里特岛人都是说谎者"。因此，虽然埃庇米尼得斯在撒谎，但是，克里特岛人中有一个人不是说谎者，悖论就被推翻了。

这与赫拉克利特的名言中所蕴含的逻辑是一样的。接下来，让我们将赫拉克利特的话换成另外一种说法：

"一切都变了。"

上面的这句话同样也存在"真"和"伪"的转换。但如果将与这句话相反的意思理解为"并不是一切都变了"，那么，悖论就不成立了。也就是说，除了已经发生变化的事物，只要尚有一件不变的东西，悖论成立的条件就不复存在了。因此，这世界上真的有一成不变的事物吗？

物理学家相信有一些重要的定律是永远不会改变的，这不是天真的信仰，而是经过许多实验验证的。那么，这种不变的定律有哪些呢？（关于哪些物理定律更难以打破，科学家之间也有意见分歧。不过，还是推出了以下几个备选的物理定律。）

能量守恒定律

热力学第二定律

光速不变原理

让我们逐一来了解这些物理定律。

能量守恒定律

在孤立系统中，能量守恒。

能量以多种形态存在。例如，地球上大部分能量均来源于太阳。来自太阳的能量以光和热的形式到达地球，植物接受光照产生光合作用，光合作用产生的有机化合物分别变成碳水化合物、脂肪和蛋白质等能量储存起来。有机化合物中的能量通过食物链，逐渐传递给高等生物。能量通过从高能结构的有机化合物向低能结构的有机化合物转换，生物从而获取各种生命活动所需的能量。煤炭、石油等化石燃料都是古生物中含有的有机化合物衍生而成的化石。

另外，水分在阳光的作用下蒸发，最后变成云。伴随着雷的轰鸣和闪电的电光，云层中的能量被释放出来。实际上，我们看到过的闪电就是云朵中被分开的正极和负极电荷重新结合所产生的电流，闪电触地会引燃火，从而释放出热量。

总而言之，经过上述一系列变化，能量转化成了光能、化学能、动能、声能、电能和热能等。即使能量转化为各种形态，在任何时候总能量均保持恒定，这就是能量守恒定律。

表面看起来，能量有多种形态，但总体来说主要分为两种，即动能和势能。比如，光能、声能和电能分别是光、声音和电子的动能，化学能本质上是化合物的特定结构所具有的一种势能。因构成物质的粒子无序振动从而产生了能量，从这个角度上来说，热能也是动能的一种形式。（关于热能，将在下面的章节中详细介绍。）简而言之，所谓能量守恒定律是动能与势能之和保持不变。

要满足能量守恒定律，需要一个先决条件，即能量只有在与外界环境完全隔绝的孤立系统（isolated system）中才能保持恒定。（这里所说的系统意指由多个粒子或波组成的物理系统。）说得再通俗一点的话，一旦未与外部环境隔绝，能量就能在系统内外进进出出。

有时能量看起来并没有保持不变，这意味着能量守恒定律会被打破吗？还是能量会在不知不觉间内流或外泄呢？正是基于这个疑问，物理学实现了一个重大发现，也揭开了物理学的新篇章，即发现了 β 衰变（beta decay）。

β 衰变其实是一种放射性。1896 年，亨利·贝克勒尔（Henri Becquerel）在铀中首次发现了放射性。在同一时期，玛丽·居里和皮埃尔·居里夫妇也在钍，以及新元素钋和镭中发现了相同的现象，"放射性"这一专业术语从此诞生。

放射性是在原子核崩塌时产生的具有强大能量的射线，即放射线（radioactive ray）现象的统称。但是，放射线不一定需要光，也可能是由氦的原子核或电子等物质组成的波，即物质波（matter wave）。

1903 年，卢瑟福用希腊字母将放射线分别命名为 α 射线（alpha ray）、β 射线（beta ray）和 γ 射线（gamma ray）。产生 α 射线、β 射线和 γ 射线的放射性衰变相应称为"α 衰变""β 衰变"和"γ 衰变"。

简单来说，α 射线是由 2 个质子和 2 个中子组成的氦 –4 的原子核，β 射线是电子或正电子（positron），γ 射线是波长极短的光。三种放射线的名字是根据其能穿透物质的强度，依次按照希腊字母表的顺序命名的。比如，α 射线用薄纸即可阻挡，β 射线用薄薄的铝板可以阻挡，而 γ 射线只有用铅、铁和混凝土等高密度物质组成的厚墙壁才能阻挡。

在这三者中，物理学家发现 β 衰变存在一个很难解开的"谜"：放射线即原子核崩塌后生成的电子或正电子的动能是连续分布状态，没有被量子化。为什么说这是一个谜呢？

简单来讲，β 衰变的过程是指原子核的状态从激发态变为基态，电子或正电子被释放出来。当氢原子中产生光的时候，光谱会被量子化，电子或正电子的动能也被量子化，只不过电子或正电子的动能缺少了不连续的值，且在一定能量范围内连续地大范围扩散。换种说法是，看起来相似的 β 衰变中，释放出来的电子或正电子也被赋予了不同的动能值。这到底是什么原因呢？

按照玻尔的理解，如果说能量守恒定律稍微发生一丁点儿破缺，这个问题就能迎刃而解。玻尔认为能量守恒定律只在通常情况下成立，发生衰变的情况下会产生背离。他的这一观点实际上是向神圣不可侵犯的能量守恒定律提出了挑战。但如果说玻尔这个大胆创新的想法是正确的，意味着能量守恒定律必须被打破。

沃尔夫冈·泡利（Wolfgang Pauli）后来提出了 β 衰变问题的正确解决方案。泡利推测，电荷是中性的，一定还存在与之产生轻微相互作用的新的粒子。根据他的推论，从 β 衰变过程中释放的新粒子将带有一部分能量。换句话说，β 衰变和能量守恒定律根本不存在矛盾对立关系。恩利克·费米（Enrico Fermi）把这种新粒子命名为"中微子"。

费米利用中微子提出了具体的 β 衰变理论，这个理论揭示了宇宙四种基本力之一，即弱力的存在。后来，电磁作用与弱力相互作用被统称为电弱相互作用。

最终，β 衰变的故事以导入新粒子、维持能量守恒定律而落下帷幕。在努力守护能量守恒定律这一信仰的过程中，物理学家还发现了新的物理现象。需要指出的是，能量守恒定律还有另外一个名字，叫作"热力学第一定律"。

热力学第二定律

在孤立系统中，熵总是增加或不变，永远不会减少。

根据能量守恒定律，能量是保持不变的，也是不会消失的。那么，为什么人类还总是忧虑能源不足？导致人类产生忧虑的根源在于，有的能量可以利用，有的能量则不可以利用。比如，当能量转化为热能后，就不能被完全利用。一言以蔽之，热能是因粒子无序振动而产生的能量，从无序的热能中提取有用的能量会受到限制。

为了帮助理解，让我们以逆向思维进行思考："如何从热能中提取有用的能量？"举个例子吧，看一下利用热能进行工作的机器，即发动机。

发动机利用从高温热源那里得到的热能启动并运行，并把剩下的热能通过低温热汇散发出去。具体循环过程如下：

1. 发动机接触高温热源。在此过程中，发动机内部气体膨胀，膨胀的气体可以通过移动活塞来工作。

2. 在某个时刻，发动机中断与热源的接触。在一段时间内，气体继续膨胀。

3. 当气体膨胀到一定程度时，发动机与低温热汇接触。这时，气体开始收缩。

4. 在某个时刻，发动机中断与热汇的接触。在一段时间内，气体继续收缩。当气体收缩到一定程度时，发动机回到初始状态。

在发动机的循环过程中，能量是守恒的。也就是说，从热源中吸入的热能等于发动机所做的功和经热汇排出的热量之和。那么，吸入的热量有没有可能不剩余，全部变成功？如果说可以实现的话，无疑将成为最高效的发动机。不过，这的确是不可能的。现在来分析一下具体原因：

首先，发动机效率η可以定义为来自热源的热能 Q_1 和发动机所做的功 W 之间的比例。

$$\eta = \frac{W}{Q_1}$$

现在，根据能量守恒定律，假设来自热源的热能 Q_1，等于发动机所做的功 W 和通过热汇排出的热量 Q_2 之和。可将发动机的效率公式整理成如下所示：

$$\eta = \frac{Q_1 - Q_2}{Q_1} = 1 - \frac{Q_2}{Q_1}$$

如果热能完全被利用，$Q_2=0$，$\eta=1$，则功率为100%。但是，1824 年，法国物理学家尼古拉斯·卡诺（Nicolas Carnot）意识到这是不可能的事情。下面的结果是在卡诺之后才被整理出来的，即热能之比 Q_2/Q_1 最理想的结果是等于温度之比 T_2/T_1。

其中，T_1 和 T_2 分别是指热源和热汇的温度。值得注意的是，热和温度虽然貌似相同，但从物理学的角度来讲，二者却迥然不同。具体来讲，热是粒子无序振动产生的能量，温度是调节这种无序振动的变量。关于温度的意义，在第六章中会做进一步解释。

再强调一下，不管发动机制造得多么先进，都不可能产生比上述分析结果还高的效率。这种高效运转的发动机被称为"卡诺热机"。

1865 年，德国物理学家鲁道夫·克劳修斯（Rudolf Clausius）在研究卡诺热机时发现，除了能量，还有一部分被保存下来的量，即 S。

$$S = \frac{Q_1}{T_1} = \frac{Q_2}{T_2}$$

于是，熵这一概念被人类发现。完成对卡诺公式 $Q_2/Q_1 = T_2/T_1$ 的重新梳理，是热力学发展史上一个重大的转折点。经过重新梳理的公式如下：

$$\Delta S = \frac{Q_1}{T_1} - \frac{Q_2}{T_2} = 0$$

上述公式旨在表示，在卡诺热机中，熵变是 0。熵变为 0 意味着卡诺热机能可逆地运转。也就是说，卡诺热机可以按逆时针方向运转。但非常值得一提的是，如果是按逆时针方向运转，发动机的循环过程也会沿反方向进行，这样一来，卡诺热机就变成了冰箱。(准确地讲，卡诺热机在只有温度差的情况下，不会工作。若要启动卡诺热机，先要通过外力转动活塞。但是，如果沿反方向使这个活塞继续运转，热量就会从热汇倒流至热源，这就是冰箱。)

在实际的发动机中（非理想状态的卡诺热机），由于摩擦和热传导等，必然会发生热损失。这些热损失会产生熵增。最终，熵随着时间的延长而不断增加，这是一个非常重要的发现，因为产生了时间的方向性。

那么，有没有什么方法，可以更直观地理解熵呢？在接下来的章节中，我们将会详尽地讲述这个问题。熵其实是无序度。

热力学第二定律告诉我们，无序度始终是增加的。

房间不清扫不会自动变整洁，我们将会老去，万物都会磨损。
热力学第二定律的成立也是有条件的，与能量守恒定律一样只能在与外部环境完全隔绝的孤立系统中才能成立。换句话说，这意味着在局部可能会发生熵减。然而，即使房间在清扫后变得干净，整体熵还是会增加，包括清洁引起的无序度。万物都会消亡，当然也会随之产生新的事物。但是，在任何时候，整体熵都是一直增加的。

值得庆幸的是，虽然无序度总是在增加，但还是会出现新的事物。关于这些内容，在第七章中会有更详尽的解读。

光速不变原理

对于所有以等速移动的观察者而言，光速总是恒定的。

光是什么？根据量子力学的观点，光既是粒子又是波。那么，波又是什么？要了解波，让我们先来想一想简单的波，比如声音和水波。声音和水波分别以空气和水为介质而产生振动。那么，光产生振动的介质是什么呢？

这个问题本身就有瑕疵，因为这等于排除了波不依托任何介质产生振动的可能性。具体来说，光是电磁场在某种模式下的振动，而电磁场本身即可振动，无须借助任何介质。

为便于理解，让我们把光与声音或水波做个比较。声音是气压的振动，而气压要实现振动，就必须有一种叫作空气的物质。水波是水表面的波动，水面要想实现振动，前提是必须有水这种物质。而电磁场的振动是不需要任何物质的，所以光产生振动是不靠任何介质的。

物理学家用了相当长的时间才意识到这一点。直到 19 世纪后期，物理学家仍然坚信，有一种叫作以太的介质是传播光的媒介。物理学家对以太的执念维持了很久，听起来简直不可思议，因为在同一时期，已经有了一个描述光的方程式，即麦克斯韦方程组。

根据麦克斯韦方程组，电磁力取决于扩散到三维空间的电磁场模式。具体来讲，粒子从某一位置接收的电力由相应位置电场的模式决定，磁力由磁场的模式决定。（举个大家熟知的关于磁场的例子，磁铁周围布满铁片，可制造出磁场模式。）所谓"电磁场"，是电场和磁场的统称。总之，光就是电场和磁场相互交织并振动的波。

在电磁场的动力学，即麦克斯韦方程组中，孕育着 20 世纪物理学革命的种子——光速固定成为一个常量。这些话听起来不难，但又感觉不太容易理解。光速是常量意味着光一直以一定的速度，即光速进行移动，且与观察者的速度无关。

下面来做一个极端的假设，比如小王子观察到，狐狸与光正以光速并排运动。从狐狸的视角上看，光似乎是静止不动的。但如果从观察者的视角上看，光速一直是恒定的。那么相对于狐狸来说，光始终是以光速在移动。可在小王子看来，显然是狐狸与光并排运动，这种现象究竟说明了什么？

19 世纪，牛顿万有引力所表现的经典力学，以及麦克斯韦方程组所表现的电磁学成为物理学的"两大主轴"。可光速是恒定的，且与观察者的速度无关，这意味着上述经典力学和电磁学中有一个是"虚假的学说"。

爱因斯坦由此推断牛顿万有引力是一个"谬论"。不仅如此，他还坚信，光速对所有观察者（严格来说，是在惯性坐标系中的所有观察者）来说，都是恒定的。这个信念最终导致的结果就是相对论的产生。更准确地讲，是狭义相对论。

在本书中，我们不会深入研究相对论，但也从中得到了一个重要的启示：坚持能量守恒定律从而发现了弱力，坚持光速不变原理也有了相对论这一物理理论的重大发现。

故事还没有结束。值得一提的是，在麦克斯韦方程组中还孕育着另外一颗种子，同样带来了物理学上的一场革命，那就是预见到了在麦克斯韦方程组确立之初尚未面世的量子力学。若想了解这颗种子的意义，就有必要去深入研究麦克斯韦方程组。

麦克斯韦方程组

麦克斯韦方程组由四个方程式组成，这四个方程式属于微分方程，是用来描述电磁场模式的动力学的方程。为了更直观地了解电磁场的意义，先来了解一个大家熟知的事物——风。

天气预报中经常会出现风的符号，具体来讲就是用箭头的方向表示风的方向，用箭头的长度表示风力的强度，在地图上也会经常见到这种符号。不过，在天气预报中，通过二维地图只展示了风的符号，而事实上，风是在三维空间中形成的，电磁场则可以被比喻成这种三维模式。

现在，让我们来研究一下风的动力学。风是如何吹起来的？风吹起来的方式主要有两种：第一种方式，风从气压高的点吹向气压低的点。如果局部有气压较高的点，即高气压点，风就会从那个点吹向四面八方。相反，如果局部有气压较低的点，即低气压点，风就会从四面八方吹向这个点。简而言之，风在高气压点上就像水涌出一样四处流淌，在低气压点则如排水口的水流走一样消失了。

刮风的第二种方式是引起涡旋。举个涡旋的具体例子，如龙卷风或台风。涡旋不单纯是气压差造成的。一旦发生涡旋，风会此起彼伏地旋转。因此，在涡旋旋转的轨道上，任何一个点都不会比其他点的气压高，也就是说，在环形轨道上，所有点的气压是相同的。那么，为什么会出现涡旋？

从地表看，涡旋的中心是低气压点。因此，地表周围的空气被吸入涡旋的中心。被吸入的空气无法直接进入中心区，只能一边环绕一边进入，原因在于地球自转引起了科里奥利效应。受科里奥利效应影响，一边环绕一边吸入的空气到达涡旋中心后，会继续上升，上升的暖空气与大气上层的冷空气相遇后，形成了雨层云。（上述情况是指台风，龙卷风的情况与台风相反，涡旋是从大气上层产生的强雨层云开始的。）再强调一下，涡旋是由于气压差，再加上像科里奥利效应这样的旋转效应而产生的。总之，风因气压差而生成或消失，因旋转效应而产生涡旋。

电磁场也可以被理解为箭头的模式。同时，麦克斯韦方程组是微分方程，用于描述箭头模式的动力学。根据麦克斯韦方程组，形成电磁场的原因中包括以下四种情况：

电场从电荷中生成或消失。

磁场不会生成或消失。

磁场以电流为中心产生涡漩。

如果电场发生变化，磁场就会产生涡旋，如果磁场发生变化，电场也会产生涡旋。

如上所述，麦克斯韦方程组是微分方程。因此，如果想更具体地了解麦克斯韦方程组，就应该了解被称为电磁场的箭头模式方法。具有大小和方向属性的箭头，在数学中被称为"向量"，我们要了解的就是这个向量的微分。

什么是向量的微分？

向量是一个箭头符号，具有大小和方向。假设向量以某种模式分布在三维空间中，我们要做的是找出向量的模式如何随着位置的变化而发生改变。

首先，要表达三维空间的向量，需要三个数字。

$$\boldsymbol{V} = \left(V_x, V_y, V_z\right)$$

其中，V_x、V_y 和 V_z 分别是向量 $\boldsymbol{V}$ 的 x、y 和 z 轴。也就是说，箭头符号 $\boldsymbol{V}$ 是指向 x 轴方向时大小为 V_x，指向 y 轴方向时大小为 V_y，指向 z 轴方向时大小为 V_z 的三个箭头符号的归并。V_x、V_y、V_z 分别是 x、y、z 的函数，即 $\boldsymbol{V}$ 是一个向量函数。

同样，对向量进行微分的操作，即向量微分算子需要三个独立的微分。

$$\nabla = \left(\frac{\partial}{\partial x}, \frac{\partial}{\partial y}, \frac{\partial}{\partial z}\right)$$

其中，向量微分算子的三个成分分别是对 x、y 和 z 的偏微分。这种向量微分算子被称为"哈密顿算子"。

向量进行微分，等于用向量函数乘以向量微分算子，有以下两种不同的方法：

$$\nabla \cdot \boldsymbol{V} = \frac{\partial V_x}{\partial x} + \frac{\partial V_y}{\partial y} + \frac{\partial V_z}{\partial z}$$

$$\nabla \times \boldsymbol{V} = \left(\frac{\partial V_z}{\partial y} - \frac{\partial V_y}{\partial z}, \frac{\partial V_x}{\partial z} - \frac{\partial V_z}{\partial x}, \frac{\partial V_y}{\partial x} - \frac{\partial V_x}{\partial y}\right)$$

第一个微分被称为 V 的"发散"或"散度"（divergence）。散度的意思是，如果它的大小为正，则表示向量在空间的某一点上涌现的程度，大小为负则表示向量在某个点消失的程度。第二个微分被称为 V 的"旋转"或"旋度"（curl）。旋度的含义是，向量在空间的某一点处产生涡旋的程度。由于涌现的程度可以用一个数表示，所以散度只是一个数，但是，产生涡旋需要旋转轴，所以旋度是向量。这时，旋度的大小是涡旋的强度，旋度的方向是涡旋的旋转轴。

现在，让我们利用向量微分，正式来表示麦克斯韦方程组：

$$\nabla \cdot \boldsymbol{E} = 4\pi\rho$$

$$\nabla \cdot \boldsymbol{B} = 0$$

$$\nabla \times \boldsymbol{E} = -\frac{1}{c}\frac{\partial \boldsymbol{B}}{\partial t}$$

$$\nabla \times \boldsymbol{B} = \frac{1}{c}\left(4\pi\boldsymbol{J} + \frac{\partial \boldsymbol{E}}{\partial t}\right)$$

其中，$\boldsymbol{E}$ 和 $\boldsymbol{B}$ 分别表示电场和磁场。这里值得注意的是，光速 c 从一开始就包含在麦克斯韦方程组中。只要清晰地理解发散和旋转的含义，就能掌握麦克斯韦方程组的物理意义。请看图 8。

第一个方程意味着电荷使电场激发或消失，符号 ρ 代表电荷密度。如果电荷呈正极，电场就会激发；如果电荷是负极，电场就会消失。

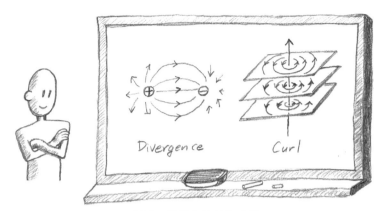

图 8 发散和旋转的含义

第二个方程意味着磁场不会激发或消失。也就是说，不存在使磁场激发或消失的磁单极子（magnetic monopole）。磁单极子为什么不存在？就拿条形磁铁来说，条形磁铁有北极和南极，磁场从北极出来，进入南极。如果把条形磁铁分成两段，会发生什么？北极和南极会被分离吗？答案是不会。如果把条形磁铁分成两段，原来是北极的那一段的另一端会出现新的南极，而原来是南极的那一段的另一端就会产生新的北极。因此，磁单极子是不存在的。（原则上来说是可以有的，但至今还没有得到实验验证。）

第三个方程是法拉第电磁感应定律。根据这个定律，如果磁场随时间而变化，电场就会产生涡旋，这个感应电场会产生电流。发电站之所以能制造电，正是利用了这个定律。

第四个方程是安培定律和麦克斯韦引入的新定律的结合。安培定律意味着若电流 J 传导，会在其周围产生磁场。

麦克斯韦新导入的定律是指第四个方程的右边部分，表示电场随时间变化的部分。这一新的定律，源于麦克斯韦相信电场和磁场之间有某种对称性。也就是说，在法拉第电磁感应定律中，若磁场随时间变化，电场就会出现涡旋。而麦克斯韦认为如果电场随时间变化，磁场也会出现涡旋。

如此看来，电场和磁场的确具有对称性，且相互影响。这原则上意味着电场和磁场是不可分割的，总是同时存在，也可以说是一个统一体的两个剖面。由于物理学家暂时找不到更合适的名字，先将这个统一体命名为"电磁场"。作为电磁场的不同剖面——电场和磁场相互交织而产生波，即电磁波也就是光。

现在来梳理一下，麦克斯韦方程组没有为了验证电磁场的存在，而去假设存在某种介质。即使没有介质，电磁场也是可以存在的，它像波一样振动，电磁波就是光。因此光速出现在麦克斯韦方程组中，它也是植入方程中的一个与观察者无关的常数，这就是光速不变原理。

前面已经提到过，麦克斯韦方程组中蕴含着预见量子力学的种子。现在，让我们来见识一下这颗种子的"庐山真面目"吧。

两种势

事实上，从数学的角度来看，麦克斯韦方程组有些画蛇添足。通常，我们希望利用麦克斯韦方程组来计算两组函数：电场和磁场。不过，麦克斯韦方程组共由四个微分方程组成。

需要注意的是，方程通常是用来计算变量值的数式。例如，我们来看看下面两个方程组：

$$Ax + By = E$$

$$Cx + Dy = F$$

其中，我们要求的变量是 x 和 y，A、B、C、D、E 和 F 是数值固定的常数。因为方程的数量是两个，变量的数量也是两个，如果解开第一个方程，就可以求出变量的值。

像麦克斯韦方程组这样的微分方程，不是单纯地计算变量值的公式，而是求解函数本身的公式。但是，在麦克斯韦尔的方程中，方程的数量远多于想要计算的函数数量。

严格地说，在构成麦克斯韦方程组的四个方程中，有两个方程式分别描述了一个函数，另外两个方程式描述了由三维向量组成的函数。因此，真正意义上独立的方程式数量是 2+3+3，即八个。另外，电场和磁场各有三个成分。因此，计算电场和磁场就是计算描述六个成分的六个函数。总之，独立方程的数量有八个，想要计算的函数只有六个。

方程式的数量的确是太多了，难道不能把多余的删除吗？能不能重新梳理麦克斯韦方程组，使方程的数量和函数的数量保持一致呢？

有一种方法是把电场和磁场用两种势来表示，这里的势与前面提到的势能有着密切的关系。具体来说，电场和磁场分别用如下的标势（scalar potential）和矢势（vector potential）来表示。

$$E = -\nabla\phi - \frac{1}{c}\frac{\partial A}{\partial t}$$

$$B = \nabla \times A$$

其中，ϕ 和 A 分别代表标势和矢势。至于为什么要这样来表述，稍后再慢慢解释，我们先来了解一下这种表述的意义。首先，电场是标势随着位置的变化而发生变化的程度，与矢势随时间的变化而变化的程度之和。提示一下，关于在特定空间中定义的某个函数根据位置的变化程度，在数学术语中被称为"倾斜度"或"梯度"（gradient）。

什么是梯度？

数学小课堂

梯度是表示在特定空间中，已定义的函数根据位置快速发生变化的量。如果某个函数是在一维空间中定义的，那么梯度通常就是所说的微分，即函数的倾斜度。如果某个函数 ϕ 是在三维空间中定义的，那么它的梯度如下所示：

$$\nabla \phi = \left(\frac{\partial \phi}{\partial x}, \frac{\partial \phi}{\partial y}, \frac{\partial \phi}{\partial z}\right)$$

梯度是向量，因此具有方向和大小。首先，梯度的方向是 ϕ 在三维空间中快速延伸的方向，而梯度的大小，是 ϕ 朝着那个方向变化的程度，即倾斜度。

关于梯度的物理意义，可以通过风的例子来理解。风从高气压吹向低气压，风的方向，是气压迅速下降的方向，风力的强度与气压的变化成正比。也就是说，风是气压的负梯度，以此类推，电场是标势的负梯度。

磁场是矢势的涡旋，这样的说法也许会让人有点发蒙。电流在磁场周围引发涡旋，而磁场又使矢势在其周围产生涡旋。那么，电流最终会使矢势产生两次涡旋吗？

答案是肯定的。虽然难以理解，但这就是事实。需要强调的是，产生的这两次涡旋都是波。换句话说，矢势产生了两次涡旋后，会像波一样传播。具体来讲，矢势满足下面描述光的波方程式。（这个波方程式，会利用规范变换性质，表现为一个简单的形式。关于规范变换，会在后面章节中提及。）

$$\left(\frac{1}{c^2}\frac{\partial^2}{\partial t^2} - \frac{\partial^2}{\partial x^2} - \frac{\partial^2}{\partial y^2} - \frac{\partial^2}{\partial z^2}\right)\boldsymbol{A} = \frac{4\pi}{c}\boldsymbol{J}$$

同样，如果重新梳理麦克斯韦方程组，你会发现，标势也满足以下波方程式：

$$\left(\frac{1}{c^2}\frac{\partial^2}{\partial t^2} - \frac{\partial^2}{\partial x^2} - \frac{\partial^2}{\partial y^2} - \frac{\partial^2}{\partial z^2}\right)\phi = 4\pi\rho$$

因此，四个麦克斯韦方程归结为标势和矢势满足的两个波方程式。很好，我们终于从四个方程中化繁为简，整合成了两个方程式。我们想要计算的函数是标势和矢势，数量也是两个，方程式的数量和函数的数量正好吻合。

解麦克斯韦方程组的策略是：首先，要暂时忘记电场和磁场，先解标势和矢势满足的波方程。其次，根据所得到的标势和矢势计算电场和磁场，这样就大功告成了。

现在，我们来了解一下电场和磁场为什么用标势和矢势来表示。磁场之所以被表示为矢势的涡旋，原因在于涡旋永远不会激发或消失。再强调一下，旋度的散度永远为零。

$$\nabla \cdot \boldsymbol{B} = \nabla \cdot \nabla \times \boldsymbol{A} = 0$$

这个方程正是麦克斯韦方程组的第二个方程式。也就是说，若用矢势来表示磁场，第二个麦克斯韦方程就会自动解出来。同样，我们在用标势和矢势表示电场的公式两边加上旋度看一看：

$$\nabla \times \boldsymbol{E} = -\nabla \times \nabla \phi - \frac{1}{c}\frac{\partial}{\partial t}\nabla \times \boldsymbol{A} = -\frac{1}{c}\frac{\partial \boldsymbol{B}}{\partial t}$$

首先，右边的标势部分完全消失，变成 0，那是因为梯度的旋度总是零，且倾斜度是不会旋转的。如上所述，关于磁场是矢势涡旋的定义（磁场是矢势的涡旋），这里的矢势指磁场的时间微分。

然而，仔细观察一下，这个方程是麦克斯韦方程组的第三个方程式，用以描述法拉第的电磁感应定律。这相当于，若在第三个麦克斯韦方程中，用标势和矢势来表示电场，方程式就会自动得解。

到目前为止所讲述的内容，相当于是物理学或电子工程学专业的学生在就读本科一年级，以及研究生一年级期间所学的内容。所以，读者阅读到这里算是已经学习了两年的电磁学课程，当然，这种说法有点夸张。不过，以上内容的确涉猎了电磁学的所有核心概念。

一切看起来都被梳理得非常完美，但是还有一点不免让人心存疑虑，即标势和矢势中隐含着的奇妙的自由度（degree of freedom）。换句话说，标势和矢势并不完全由麦克斯韦方程组决定，这种奇妙的自由度正是预见量子力学的种子。

奇妙的自由度

让我们重新梳理用标势和矢势来表示电场和磁场的公式：

$$\boldsymbol{E} = -\nabla \phi - \frac{1}{c}\frac{\partial \boldsymbol{A}}{\partial t}$$

$$B = \nabla \times A$$

仔细观察一下，这个公式里隐藏着一个奇妙的自由度。电场和磁场通过运动方程完美诠释了粒子动力学。换句话说，如果设定电场和磁场，粒子的命运将完全由机械论来决定。不过，根据这个公式，存在一个奇妙的自由度，也就是说，当电场和磁场没有任何变化时，标势和矢势在一定范围内可以任意自由地改变。

具体来说，所谓自由度，是指磁场是矢势的涡旋，即旋转。在上一节中说过，倾斜度是不会旋转的。因此，即使在矢势上附加任何倾斜度，它的旋转，即磁场也不会改变。

$$A \quad \rightarrow \quad A + \nabla f$$

其中，f 是一个可以任意自由改变的函数。当然，只要发生改变，电场就会发生变化。不过，令人感到有意思的是，这些电场的变化很容易失效，也就是说，如果标势和矢势同时变换，电场完全不变。

$$\phi \quad \rightarrow \quad \phi - \frac{1}{c}\frac{\partial f}{\partial t}$$

在专业领域，这种标势和矢势同时改变的情况被叫作"规范变换"（gauge transformation）。

来总结一下吧，粒子的动力学完全由电场和磁场决定，而电场和磁场是由标势和矢势所决定的。对于标势和矢势来说，存在一个针对规范变换的奇妙的自由度。

到底为什么会存在这种奇妙的自由度？难道在麦克斯韦方程组中还附着没有清除的"累赘"吗？如果是这样的话，这个"累赘"的意义是什么呢?

等待量子力学

正如前面所说，麦克斯韦方程组中隐藏着一个奇妙的自由度，即针对规范变换，电场和磁场不变。从专业角度来讲，这种自由度被称作"规范对称性"。在经典电磁学中，规范对称性被认为是麦克斯韦方程组中毫无意义但又不寻常的性质之一。然而，事实并非如此。

在序言中，我们说过宇宙有四种基本力，即引力、电磁力、弱力和强力。只是引力还没有被完全证明，但是，我们相信这四种力都是由一个原理描述的，即规范对称性原理或规范不变性原理（principle of gauge invariance）。（啊！又是另一种不变的定律！）

一般来说，所谓对称性，是指针对任何变换的不变性。例如，第二章中提到的空间平移对称性，是指在空间中前后、左右、上下平行移动的变化，即针对平移（translation）变换，可测量的物理量不变。同样，空间旋转对称性（rotational symmetry）是围绕着空间中一点改变方向的变化，即针对旋转（rotation）变换，物理量保持不变。在平移和旋转变换中，所产生的变化是很明确的。而在规范变换中，到底是什么发生变化了呢?

规范变换是改变波函数相位的变换。

因此，所谓的规范对称性，是指即使改变波函数的相位，物理状况也不变。这里所说的物理状况不变，具体是指概率不变。

但是，在麦克斯韦方程组中，不存在波函数，当然也不会出现概率。

以上就是麦克斯韦方程组预见量子力学的缘由。只有当波函数出现后，我们才能认识到规范对称性的真正含义。而且，只有领悟到它的意义，才会领悟力的原理。

规范对称性就是力的原理。

第四章

力：相互作用论

愿原力与你同在！（May the Force be with you!）

这是电影《星球大战》系列中非常有名的一句台词。原力是什么？它不是普通的力量，而是支撑宇宙的力量，是宇宙中的所有生命体所散发的能量。在一定程度上，原力与东方哲学中的"气"有些相似，原因在于《星球大战》的制片人兼导演乔治·卢卡斯（George Lucas）完成剧本初稿的地点是 20 世纪 70 年代的旧金山，当时的旧金山到处都充斥着嬉皮士和新世纪文化。

正如大多数读者所了解的那样，原力包括"光明面"和"黑暗面"。包括尤达在内的绝地武士们利用原力的"光明面"贡献了舍己为人的善良，而以达斯·维德为首的西斯们则沉溺于原力的黑暗面，宣扬自私的邪恶。同其他故事一脉相承的是,《星球大战》最终也是善与恶的对决。

图 9　尤达和达斯·维德

　　原力的深奥之处在于"光明面"的善良和"黑暗面"的邪恶不是完全不同的两种力量，而是同一力量的不同方面。达斯·维德原名叫阿纳金·天行者，原本也是善良的，后来在原力"黑暗面"的驱使下才变成达斯·维德。（他预感到无法阻止妻子的死亡，渴求具有让妻子起死回生的能力，最后陷入原力的"黑暗面"。）

　　那么，可以说善与恶是同一力量的两个方面吗？即使善打垮了恶，恶马上又会出现，善与恶的对抗周而复始。当然，站在电影制作公司的立场上来说，为了《星球大战》系列后续作品的制作，会考虑让善与恶的对抗重复下去。但是，在人类历史上，善与恶的对抗逐渐改变，不断重复，或许注定了善与恶不再是任何一方单方面的胜利，而要归结于两者的平衡。

善良的力量与邪恶的力量何时会达到平衡？力量本是维持适者生存世界的原理，面对悲情世界要想实现平衡，不是靠力量，而是靠伦理吗？那么，伦理又是怎么产生的？我们为什么要活在伦理的约束之下，也就是说，我们为什么要善良地活着？

总而言之，力量既不是善良的也不是邪恶的。力量的目的只是存在。那么问题来了，仅仅为了存在而努力的个体能自发地变得善良吗？

博弈论

让我们来了解一下"博弈论"领域最有趣的话题——囚徒困境。假设有罪犯 A 和 B，两名罪犯皆因涉嫌犯下轻微罪行而被逮捕，可是，警方怀疑两名罪犯可能一起犯下了另一种严重的罪行，现由于证据不足，必须得到犯人的口供，才能起诉他们。

警方决定在不同的审讯室分别审问 A 和 B，将二人分开，防止他们相互交流或串供。警方当场承诺，如果他们对罪行供认不讳，就会减缓刑期。

这里，就会出现"双重困境"：如果 A 和 B 中没有人供认罪行，那他们会因所犯轻罪被判处 1 年的监禁。但是，如果 A 和 B 两人都招供了，那他们将面临轻罪和重罪并罚，会被处以 5 年有期徒刑。通常重罪的刑罚按规定是 9 年有期徒刑，但考虑到两人有自首情节，酌情予以减刑。最后一种局面是，如果其中一人供认，另一人始终没有交代，招供的人将因配合警方办案有功，而被释放，而没有交代的人要被处以 9 年有期徒刑。那么，两名罪犯到底会做出怎样的选择？

首先，A 和 B 都没有招供，对犯罪分子来说是"理想的选择"，这时，两名罪犯刑期之和为 2 年。这比两人都招供时需服刑 10 年和只有一个人招供时需服刑 9 年都要少。因此，从由 A 和 B 组成的群体整体利益的角度来看，保持沉默无疑是最佳答案。

但从个人利益的角度出发，情况就不一样了。我们先从 A 的立场来考虑，A 不知道 B 是否坦白了犯罪，因此，A 必须对所有的可能性一一进行利弊权衡。首先，假设 B 供认了自己的罪行，那么 A 最好也招供。因为，如果只有 A 遵守信义不招供，他将被处以 9 年有期徒刑。这种情况下，A 宁愿自己交代清楚，然后接受 5 年监禁的刑罚。相反，假设 B 死不招供，这种情况 A 也是坦白为上策。因为 A 只要招供，他就可以立刻被释放，但如果两人都招供的话，无疑会被判处 5 年的监禁。因此，对于 A 来说招供的做法总是有利的。同样，对于 B 来说，情况也是如此。换句话来说，就是在同样条件下，B 招供也是对自己最有利。

这样一来，结果是两人都招供了，A 和 B 分别被判处 5 年有期徒刑。这是一个两难境地，从集体利益出发，如果没有人招供，每人只会被判处 1 年监禁。以个人利益为中心，从个人立场出发，往往会做出对个人不利的选择。

值得一提的是，博弈的所有参与者在假设不改变对方策略的条件下，能理性地采取的最佳选择被称为"纳什均衡"。不过，问题在于纳什均衡并不一定会带来最好的结果。那么，该怎么做才能得到最好的结果？

一种方法是让犯罪分子遵守道义，即教会他们合作的美德。也就是说，教会他们宁愿自己受损失，也要为了他人做出牺牲，与他人保持合作，这就是伦理。那么，伦理又是如何产生的？令人惊讶的是，"博弈论"告诉我们，合作能在利己主义的个体间自发地产生。

这番话告诉我们这样一个道理：崇尚利己主义的罪犯互不合作，追逐各自的利益，但结果却是既损人也不利己。毫无疑问，如果说只玩一次"囚徒困境"博弈，结局已经很清楚了。但如果多玩几次"囚徒困境"博弈，结局就会大相径庭。理由很简单，因为只要记住前一个回合博弈产生的结果，便可以根据这些记忆来制定策略。换言之，在多次反复进行"囚徒困境"博弈时，可以发现对方是善于合作的好心人，还是惯于背叛的坏人，并相应地制定对策。这也被称为"重复囚徒困境"博弈。

在"重复囚徒困境"博弈中，无须将博弈参与者的数量限定为两人。根据规则，众多参与者之间可以进行多次博弈。如果你也是参与者，会采取什么策略？

20 世纪 80 年代中期，美国政治学家罗伯特·阿克塞尔罗德（Robert Axelrod）对这个问题非常感兴趣，他利用当时兴起的尖端研究工具——计算机举办了一场模拟比赛。阿克塞尔罗德向世界各国的政治学家、数学家、经济学家、心理学家等大批权威人士宣传了这场比赛，并请他们提交记录最佳策略的计算机程序。比赛的规则很简单，优秀策略的排名参照如下规则：包括自己在内的所有参与者反复对决，以所获得的利益总和来确定优胜者。

在这里，所谓的利益可以理解为前面提到的减刑。例如，参与者 A 和 B 都选择合作，那么分别得到 3 分。反之，如果 A 和 B 都选择背叛，将各得 1 分。如果一个人选择合作，另一个人选择背叛，那么，选择合作的人得 0 分，选择背叛的人得 5 分。通过分析不难看出，站在个人的立场上，最好的选择，即纳什均衡策略，也就是二者都选择背叛，各得 1 分。

以下是实际提交给"重复囚徒困境"大赛策略中的一部分。（大赛共举行了两次，其中第一次比赛提交程序数量为 14 件，第二次为 63 件。）

1. 所有人背叛策略。不管对方怎么选择，都无条件背叛。这项策略是因为背叛是一次性"囚徒困境"博弈中的最佳选择，即使重复进行，也不失为逻辑之上的一种好策略。但是这个策略并没有在正式比赛中提交。

2. 所有人合作策略。不论对方怎么选择，都无条件合作。这是一项十分善良的策略，但也是一个不太可能成功的策略。理所当然地，这一策略也未在正式比赛中提交。

3. 针锋相对，以牙还牙策略。最初通常是合作，接下来会模仿对方在前一回合的行为。即如果对方在前一回合背叛了自己，那么在下一回合会通过背叛来报复对方。但是，如果对方再次合作，接下来也会通过合作来达成谅解。一方面，这种不率先选择背信弃义，针锋相对的策略，基本上算是一种善良的选择；另一方面，又鉴于对方的背叛，马上采取以牙还牙的方式进行报复，最终通过积极谅解来谋求合作，是一项意图非常明确的策略。

4. **怨恨或复仇策略**。同针锋相对策略一样，怨恨策略也是最初选择合作，而且只要对方一直合作，就会继续保持合作的策略。但是，只要对方背叛了一次，此后不管对方做出什么选择，直到游戏结束，都会通过无条件的背叛来报复，又称为复仇策略。

5. **测算或统计研判策略**。最初选择合作，接下来会对前一回合中对方的选择进行统计分析，测算出合作的可能性，一旦合作的可能性超过 50%，就会保持合作，低于 50%，则会选择背叛。

6. **测试或投机策略**。一开始选择背叛，然后据此分析对方的表现。也就是说，适度地背叛几次，观察对方报复的模式，如果认为对方好欺负，就会变本加厉地迫害对方。反之，如果认为对方报复措施十分强硬，就会转变态度，选择积极合作。

7. **麻醉或长期性欺骗策略**。一开始假装善良，持续合作。一旦判断已经建立了足够的信任，从某个回合开始，以不超过 25% 的概率偶尔先行背叛。如果遭到对方报复，接下来就假装善良，合作一段时间，与此同时，又瞄准时机，准备再次背叛。

8. **善意的以牙还牙策略**。保持宽容的姿态，实施以牙还牙策略。也就是说，当对方背叛时，不会立即报复，而是愿意多给对方几次机会。一种情况是，对方第一次背叛时，先通过合作寻求和解，但如果连续两次遭到背叛，就会报复对方。另一种情况是，借助概率推算来决定如何应对对方的背叛，比如，当概率为 5% 时，会选择宽恕；当概率为 95% 时，就会选择实施报复。

9. 随机策略。就是不按套路行动，随随便便行事。在复杂的情况下，有时随随便便行事，结果反而会更好，因为对方根本不可能掌握你的策略。

那么，以上哪些策略取得了最好的成绩呢？不可思议的是，在由阿克塞尔罗德举办的模拟比赛中，两次夺冠的策略均是"针锋相对，以牙还牙"。这项策略在第一次比赛中夺魁后，参赛者们在第二次比赛时都清楚这项策略将会成为冠军的有力争夺者。因此，他们提交了多个经过修改的程序，以求超越"针锋相对，以牙还牙策略"。期待通过恰当地利用"以牙还牙"的善良，偶尔背叛，来增加利益。但最终，仍然是"针锋相对，以牙还牙策略"胜出。

"针锋相对，以牙还牙策略"具有如下四个特征：

善良：绝对不会率先背叛。

果断：如果对方背叛，马上进行报复。

宽容：如果对方伸出友谊之手，就会宽容地予以谅解，马上进行合作。

清晰：让对方毫不费力地理解自己的策略，从而让对方做出明智的选择，即选择合作。

有趣的是，后来发现，以上这些特征也存在于其他得到高分的程序中。事实上，"针锋相对，以牙还牙策略"之所以夺冠，是因为它是唯一全部拥有这四种特征的策略。这给我们一种恍然大悟的感觉，善良地活着吧！对待恶人要该出手时就出手，当然，如果坏人变善良了，那就大度地原谅他吧！

事实上，这个道理和人生教训，是每个参与者在想得到高分的情况下，顺理成章地体会到的。换言之，那些努力地好好活着的个体自发地变得善良了。

再进一步来说，假设"重复囚徒困境"比赛真实地发生在自然或社会中，在比赛中最终获得的分数不仅仅是数字，而是实实在在的报酬。在大自然中，这种报酬是维持生命的重要资源，如食物或安身之所等，在社会中，这种报酬是商品或金钱之类的财物，那么，财物越多，就越利于繁衍生息。

现在，假设已经举行了多次"重复囚徒困境"比赛，这种情况下，下一届比赛的参与者相当于是上一届比赛参赛者的"后代"。因此，如果某位参与者在之前的比赛中得了高分，那么该参与者曾经采用的策略在下次比赛中出现的概率就会相应提高。这样继续重复比赛，获得高分的策略将更频繁地被采纳。这种随着时间的流逝来分析博弈策略演变的理论，叫作"演化博弈论"。

在上述理论的基础上进一步推算，随着时间的推移，"针锋相对，以牙还牙策略"被采用的概率会越来越大。即使在几乎每个参与者都采取邪恶策略的生态系统或社会中，只要少数向善群体不放弃"针锋相对，以牙还牙策略"，到最后它仍会占据上风，成为主流。实际进行推算的话，即使只有全体成员的5%选择"针锋相对，以牙还牙策略"，经过时间洗礼，它终究会成为支配整个群体的主流策略。结果，"好人终会赢"在数学上也得到了完美证明！

简直太完美了！但是，现实并不会这么美好，世界上有善良的人，就会有坏人。为什么会这样？当然，不能简单地将"博弈论"直接套用在现实中。若要精确地临摹现实，需要考虑很多事情，尽管不可能把一切都考虑进去，但很明显，我们漏掉了一个最重要的东西，那就是现实中存在无序，即"噪音"。

举例来说，假设参与者进行游戏时，被噪音介入干扰。具体来讲，如果某个参与者产生了合作的念头，却因为"噪音"的干扰而选择了背叛，他的意图也被错误地传递给了对方。在这种情况下，按照"针锋相对，以牙还牙策略"坚决报复就变得过于苛刻了。在出现"噪音"的情况下，"善意的以牙还牙策略"比单纯的"针锋相对，以牙还牙策略"更上乘，随着时间的流逝，慢慢也会成为主流策略。

但是说到这里，问题就出现了。首先，在"善意的以牙还牙策略"占据主流的群体中，几乎每个参与者都是善良的，绝不会背信弃义，所有人都合作的策略也完全可以很好地延续下来，最终群体的所有成员都变得善良。但问题在于，根本无法阻止因偶然突变可能引发的所有人的背叛。一旦发生这样的情况，将会导致群体分裂，邪恶策略开始猖獗。

值得庆幸的是，即使在邪恶策略统治的世界里，善良策略同样也会突变发生。尤其是，"善意的以牙还牙策略"即使开局时非常微弱，但最后一定能变得强大，战胜一切邪恶，并成为可统治群体的主流策略。这样，善良的世界就重新回来了。

啊！这不正是《星球大战》里的故事情节吗？

牛顿运动定律

现在，让我们更深入地探讨一下，从根本上来讲，所有的力均以物理的力为基础。那么，除了《星球大战》的原力，物理的力也会实现平衡吗？

事实上，物理学的起源，就是从严格确立力的概念开始的。也可以把这句话理解为现代物理学与牛顿运动定律共同开启了新纪元。

牛顿运动定律由三项定律组成：

* 第一定律：惯性定律。只要物体不受力，所有的物体会静止或做匀速直线运动。

* 第二定律：加速度定律。物体的加速度与所受直线方向上的作用力成正比。

* 第三定律：作用力与反作用力定律。所有的作用力与反作用力均存在大小相等、方向相反的特点。

首先，牛顿第一定律通常被称为"惯性定律"。简单来说，第一定律提出"静止的物体继续静止，运动的物体继续运动"。也许你会认为这是理所当然的，但其实并非如此简单。因为第一定律提出了牛顿运动定律成立的条件。具体来讲，第一定律确立了惯性坐标系这一概念，更准确地说，就是牛顿运动定律只在惯性坐标系中才能成立。

那么，什么是惯性坐标系？笼统地讲，所谓惯性坐标系，是从做匀速运动的观察者角度出发提出的观点。因此，如果说我们是一个做匀速运动的观察者，应该总是适用于牛顿第一定律。

认真思考一下，不免感觉有些奇怪。要判断我们的坐标系是不是惯性坐标系，应该先判断是否满足牛顿运动定律条件，这是个循环定义。那么，问题是牛顿运动定律在什么情况下不成立，是应该否定牛顿运动定律，还是应该否定惯性坐标系呢？

举个例子吧，假设我们面前静止的物体开始自行运动，在这种情况下，牛顿运动定律是不成立的。不过没关系，不要认为牛顿运动定律是错误的，权当我们是在做减速运动的非惯性坐标系上，而不是在做匀速运动的惯性坐标系上就可以了。现在，假设一直朝着一个方向运动的物体，突然改变了运动方向，这种情况下，牛顿运动定律同样也是不成立的。不过，也没有关系，只要弄明白是我们自身改变了运动方向就可以了。

如果说是运动的物体慢慢减速了，那就有点棘手了。可能是由于这不是惯性坐标系，也可能是由于摩擦力阻碍了物体的运动。事实上，这两种可能性是划分牛顿之前和之后理论体系的一个非常重要的分水岭。原因在于，在牛顿之前，力被理解为物体保持运动状态的必要条件，继牛顿之后，力才被理解为改变物体运动状态的条件。

那么，力是以何种方式改变物体运动状态的呢？牛顿第二定律给出了答案，即物理学史上最著名的公式：

$$F = ma$$

如上面的公式所示，加速度 a 与力 F 成正比，它们之间的比

例系数是质量 m。牛顿第二定律在解物理题时应用得最多，但其在哲学上却具有最单纯的意义。如果再仔细进行研究，就会得到一个与牛顿第一定律相关联的、很有意思的结论。

如上所述，在非惯性坐标系的情况下，牛顿运动定律是不成立的。假设在铁皮桶里装进半桶水，然后把绳子系在桶把手上，再将绳子缠绕在旋转轴上。如果水桶旋转得很慢，水的表面就会保持平静，如果水桶旋转得足够快，水的表面就会形成以旋转轴为中心的凹陷。为什么会这样？难道是因为装进铁皮桶里的水，不管水位如何，都要均匀地受到重力的吸引吗？在这种情况下，牛顿运动定律似乎不能成立。对这个问题不必太在意，因为从装在水桶里旋转的水的角度来讲，不仅有重力在起作用，而且还有一种使水远离旋转中心的新的力，即离心力。从某种角度上说，为了让水表面形成凹陷的事实符合牛顿运动定律而引入了一种虚拟力，这种虚拟力称为"离心力"。不过，这并不是随随便便引入的力。从水的角度来看，离心力确实存在。

然而，如果不是从装在铁皮桶里水的角度，而是从在外界以静止状态观察的观察者的角度来看，在惯性坐标系中，即使不引入离心力，也能很好地描述水表面凹陷的现象。水因为水桶的旋转和水分子之间的黏性而形成旋转，从而获得动量。获得动量的水试图朝着动量的方向，即旋转运动的切线方向流动，并由此逐渐被推离旋转轴的方向。所以，在惯性坐标系中，即使没有新的力，也会观察到水的表面因运动定律而形成凹陷。

来总结一下，对于旋转的水来说，可以引入离心力；对于外部观察者来说，无须引入新的力。值得注意的是，同离心力一样，这种为了使非惯性坐标系的情况符合牛顿运动定律，而引入的虚拟力被称为"惯性力"。

下面，让我来讲一个有趣的故事。想象一下我们正在乘坐电梯，电梯在静止状态下，突然开始上升，我们会感觉到一股被拉向地板的力，这种力是由电梯的加速运动带来的惯性力，而且我们无法分辨这种惯性力和重力。即使重力突然变强了，我们也无法感知到任何差别。虽无法弄清楚加速度引起的惯性力和引发万有引力的重力之间的区别，但事实上，这两者也没有任何区别。这带来了物理学的一个非常重大的发现，即爱因斯坦的广义相对论。（我不会在这本书中详细阐述广义相对论，但我会在下一章节中简单讲讲广义相对论的核心，以满足读者的好奇心。）

牛顿第三定律具有深刻的哲学意义，通常被称为"作用力与反作用力定律"。简单来说，如果某个物体对其他物体有作用力，第二个物体会将同样大小的力反作用于第一个物体。力从来都不是一方单方面地影响另一方，而总是表现为两个物体之间的相互作用。因此，在现代物理学中，"相互作用"一词比"力"这个词语更常用。

那么，难道地球在向下拉我们，我们也在向上提拉地球吗？是的，而且是以完全相同的力在拉扯。一方面，由于地球的质量相对巨大，地球的加速度几乎为零，也就是说，对地球几乎没有任何影响。另一方面，我们的质量相对来说非常小，因此对地球引力产生的反应很小，但是，相互拉扯的力的确是完全一样的。

综上所述，力是相互作用的。虽然与电影、计算机模拟和生态系统中出现的力不太一样，但在物理学中，力是相互作用的。我突然又想到了一个问题，力的本质是什么？当然也可以换种问法：

如果说物质是由原子组成的，那么力是由什么组成的？

四种基本力

宇宙中存在着四种基本力，即引力、电磁力、弱力和强力。

第一种力是引力。众所周知，在引力的作用下，地球围绕太阳旋转，太阳成为银河系的一部分，进一步形成了由银河系组成的庞大结构——宇宙。换言之，引力是形成宇宙这个空间的凝聚力。

另外，始于大爆炸的宇宙，目前正在加速膨胀。时间在流逝，宇宙也正在迅速变大。未来，宇宙将会怎样？是无限膨胀，还是在某个时刻停止膨胀，受引力的作用而收缩？又或者会达到一种平衡状态？物理学家坚信，宇宙的未来将由广义相对论决定。在这里，我不能详细地解释广义相对论，只是简略讲一下它的核心概念吧。根据广义相对论，引力是时空的扭曲，引力的强度是时空扭曲的程度，即曲率。所有物体都会造成周围的时空扭曲，质量越大的物体，会使时空扭曲得越剧烈。有一个根据物质和能量分布来决定时空曲率的方程式，即著名的爱因斯坦方程式。（一般来说，没有质量的光也具有能量，所以光也会使时空扭曲，但这一说法尚未通过实验得到验证。）

正如麦克斯韦方程组是描述电磁场的动力学一样，爱因斯坦方程式是描述时空扭曲的模式，即引力场的动力学。根据麦克斯韦方程组，电场和磁场可以相互交织，产生电磁波，即光。根据爱因斯坦方程式，引力场也可以生成引力波。最近，引力波在实验中被观测到，对引力波观测做出重大贡献的雷纳·韦斯（Rainer Weiss）、基普·索恩（Kip Thorne）和巴里·巴里什（Barry Barish）三位物理学家因此荣获了 2017 年诺贝尔物理学奖。

第二种力是电磁力。电磁力在物质形成方面发挥着关键作用。在本书第二章中已经提到，电磁力决定原子的结构，并通过进一步组合原子，形成五颜六色的物质形态。与此同时，电磁力由电磁场决定，电磁场的动力学由麦克斯韦方程组进行描述。根据麦克斯韦方程组，光是一种电磁波。

然而，根据量子力学，万物既是波，又是粒子。因此，光还具有粒子的属性，这种光的粒子就是光子。为了在量子力学上准确地描述光子，必须将经典力学的麦克斯韦方程组量子化。这里提到的"量子化"意味着应该根据量子力学原理适当地修改麦克斯韦方程组，这就像把经典力学牛顿第二定律修改成薛定谔方程式一样，将麦克斯韦方程组量子化的理论称为"量子电动力学"。

在量子电动力学中，对于电磁力做出如下解释：假设有两个带电荷的粒子，在某个时刻，在第一个粒子上，一个光子像变魔术一样出现在真空中，第一个粒子把这个光子抛给第二个粒子，第二个粒子接收飞来的光子，就在那一瞬间，光子再次像变魔术一样消失在真空中。现在，在第二个粒子上，同样有一个光子出现在真空中，第二个粒子把这个光子抛给第一个粒子……就这样，两个粒子仿佛在玩掷球游戏，互相传递光子。

　　换句话来说，根据量子电动力学，所谓电磁力就是两个带电荷的粒子传递光子的掷球游戏，电磁力是通过光子传递的。一个有趣的事实是，传递电磁力的光子只存在于掷球的那一瞬间，这种瞬时存在，然后消失的光子被称为"虚光子"（virtual photon）。

图 10　掷球游戏和费曼图

　　图 10 是一幅漫画，一位物理学家看到两人在玩掷球游戏，由此联想到两个带电荷的粒子相互传递光子的画面。根据量子电动力学，互相传递光子的情形可用费曼图（Feynman diagram）来理解。上图中"思想气球"里的图片就是费曼图。

有些读者听了上述解释后或许会想到以下问题：如果说电磁力相当于互掷光子游戏，粒子之间是不是也会互相排斥？具体来说，第一个粒子在投掷光子的那一刻，在反作用下就会被推向与光子的运动方向相反的方向。同时，第二个收到飞来的光子的粒子，在收到光子的瞬间，就会接收传递来的光子的动量，被推向光子的运动方向。最终，两个粒子进行光子投掷游戏的时间越长，彼此间的距离会越远，相当于产生了互相排斥的力。（在日常生活中就可以体验类似情形，比如在冰面上玩扔球游戏。）

那么，该如何解释两个带相反极性电荷的粒子之间所产生的相互吸引的力？事实上，用经典力学来解释这一点并不容易，只能通过量子电动力学才能给出完美的解释。这种解释多少有些牵强，我们还是来看一个还算恰当的例子吧。

假设有两个带相反极性电荷的粒子，两个粒子互相"背靠背"望向相反的方向。在某一时刻，从第一个粒子上发出的光子飞镖出现在真空中，第一个粒子将这个光子飞镖抛向自己注视的正前方，即第二个粒子的相反方向。第一个粒子在投掷光子飞镖的反作用下，发生位移，即被推向第二个粒子的方向。

光子飞镖向前飞行，然后立即折返，朝第二个粒子方向飞去，光子飞镖甚至在经过第二个粒子后仍继续向前飞，就这样飞来飞去，光子飞镖在某一时刻又改变了方向，朝第二个粒子迎面飞来。抓住光子飞镖的第二个粒子受到光子飞镖动量的冲击，朝着第一个粒子的方向，即向相反方向退却。最终，两个粒子间的距离越来越近，看起来像是两个粒子间产生了互相吸引的力。这样的解释是不是比较通俗易懂？

第三种力是弱力。正如在第三章中所述，弱力是参与 β 衰变这一原子核放射性衰变现象的力。具体来说，在 β 衰变中，原子核中的中子变成质子，可以释放电子，或者质子变成中子，释放出正电子，其中发挥作用的力就是弱力。

事实上，弱力和电磁力是相同的力。也就是说，电磁力和弱力本质上是被称为电弱力的同一种力的不同方面。那么，究竟该如何理解"同一种力的不同方面"？

我们来回想一下前面学习的内容，释放电力和磁力的电场和磁场不是分别独立存在的，而是所谓电磁场这个统一体的不同方面。也就是说，电磁场由统一的方程式来描述，即麦克斯韦方程组。从这个意义上讲，电力和磁力其实就是电磁力的两个方面，只不过是同一种力的不同形态罢了。

在高温下，电磁力和弱力就像电力和磁力一样，是可以由一个统一的方程式来描述的同一种力。但是，在温度下降时，电弱力会遭遇自发对称性破缺，分裂成由不同方程式描述的两种不同的力，即电磁力和弱力。

不过，在电磁力和弱力分裂之后，这两种力的作用原理根本上还是十分相似的。打个比方，如果将电磁力比喻成是以光子为媒介进行的掷球游戏，那么弱力就是以 W^+、W^-、Z^0 这三种玻色子为媒介进行的掷球游戏。

第四种力是强力。强力是使原子核保持稳定的一种力。听起来似乎十分简单，强力真正的含义是，若要形成原子，前提是原子核必须保持稳定。问题是，通常原子核内部不仅会有带中性电荷的中子，还同时存在多个带正电荷的质子。

原子核很小。在狭小的空间里塞进多个质子，会产生巨大的电反弹力，若只有电磁力，原子核甚至会瞬间爆炸。所以，它需要一个强大的力量，足以抵消电磁力，把质子和中子相互吸引在一起，形成一个原子核，而这个力就是强力。（严格说来，把原子核聚在一起的力是强力的残余力，即核力。）

从大的方面来看，核力的工作原理与电磁力和弱力的工作原理非常近似。核力是由质子和中子相互传递被称为 π 介子的粒子而产生的。再深入探究一下的话就会明白，质子和中子本身不是点状的基本粒子，而是内部有结构的复合体。具体来讲，质子由 2 个上夸克和 1 个下夸克组成。中子则正好相反，是由 1 个上夸克和 2 个下夸克组成。需要强调的是，夸克共分六种，除了上夸克和下夸克，还包括粲夸克、奇异夸克、顶夸克和底夸克。

同样，π 介子也是夸克的复合体。具体来解释的话，π 介子是由上夸克和下夸克组成的一种粒子——反粒子形成的复合体。宇宙中所有的粒子都存在着反粒子，就像双胞胎一样。粒子和反粒子除了电荷相反，所有物理性质都是相同的。

从根本上来看，强力是夸克传递一种叫作胶子（gluon）的粒子所产生的力。需要强调的是，胶子是黏合原子核的"胶黏剂"，它也因此得名。因此，质子和中子相互传递 π 介子所产生的核力，是质子与中子以及 π 介子内的夸克相互传递胶子的相互作用力。也就是说，核力是强力的残余力。

用来描述强力的量子理论叫作"量子色动力学"（Quantum Chromodynamics，QCD）。量子色动力学中加入"色"（chromo）这个字，原因在于，有三个耦合常数决定了夸克和胶子之间产生的相互作用力的强度，为了区分耦合常数，引入了红色、蓝色和绿色的概念。

读到这里，你就会认识到电磁力、弱力、强力的工作原理是极其相似的，大致总结如下：

电磁力是通过传递光子，弱力是通过传递 W^+、W^-、Z^0 玻色子，强力是通过传递胶子而产生的。

三种力的工作原理之所以如此相似，是因为描述这三种力的理论基础是同一个原理，即规范对称性原理。

规范对称性

描述电磁力、弱力和强力的理论基础都是规范对称性原理。弱力和强力的规范对称性稍微复杂一些，但与电磁力的规范对称性在本质上是相同的。下面，我们以电磁力的规范对称性为重点展开论述。

首先，我们来回忆一下第三章中所述关于规范对称性的内容。在电磁力中，规范对称性具有即使任意改变标势和矢势，电磁场也不会改变的性质。

$$\phi \quad \rightarrow \quad \phi - \frac{1}{c}\frac{\partial f}{\partial t}$$
$$A \quad \rightarrow \quad A + \nabla f$$

其中，ϕ 和 A 分别指代标势和矢势，f 是可任意变换的函数，这种转换被叫作"规范变换"。规范对称性具有标势和矢势等基本属性，下面来阐释一下具体的原因。

正如在第三章中提到的，标势和矢势满足描述光的波动方程。因此，如果准确地量子化标势和矢势，就可以得到描述光子动力学的量子理论，即量子电动力学。

不过，量子电动力学不仅要描述光子的动力学，还要描述光子与电子之间的相互作用，也就是说，量子电动力学还要描述受电磁力影响的电子动力学。描述电子动力学的方程正是薛定谔方程，从这个角度来讲，我们姑且可以认为薛定谔方程是量子电动力学的一部分。

那么，薛定谔方程是否包含了规范对称性？为了得到答案，我们再来重温一下电场中运动粒子的薛定谔方程。

$$E\psi = H\psi$$

在这个公式里，关于哈密顿算子 H 的表述如下：

$$H = \frac{1}{2m}\boldsymbol{p}^2 + q\phi$$

其中，q 是粒子的电荷量，$\boldsymbol{p}$ 作为动量算子，其在三维空间中的值表述如下：（在下面的公式中，三维微分算子读作"del"。）

$$\boldsymbol{p} = -i\hbar\nabla = -i\hbar\left(\frac{\partial}{\partial x}, \frac{\partial}{\partial y}, \frac{\partial}{\partial z}\right)$$

上面的哈密顿算子是只考虑了电场的哈密顿算子。如果电场和磁场在一起又会如何？关于这一点，我不打算详细阐述，只列出电场和磁场共存情况下哈密顿算子的表示方式，具体如下：

$$H = \frac{1}{2m}\left(\boldsymbol{p} - \frac{q}{c}\boldsymbol{A}\right)^2 + q\phi$$

现在，我们还是回到之前的问题，薛定谔方程是否包含了规范对称性？

不过，大家先不要着急追问，先在哈密顿算子所含的标势和矢势上套用一下规范变换。适用规范变换的哈密顿算子表示如下：

$$H' = \frac{1}{2m}\left(\boldsymbol{p} - \frac{q}{c}(\boldsymbol{A} + \nabla f)\right)^2 + q\left(\phi - \frac{1}{c}\frac{\partial f}{\partial t}\right)$$

规范变换之前的哈密顿算子 H 和规范变换之后的哈密顿算子 H' 在形态上有明显的差异，这或多或少让人感觉有些奇怪。之前我们讲过，即使进行规范变换，电磁场也绝不会发生变化。规范变换之后，哈密顿算子只是形态上发生了改变，那么粒子动力学也会发生变化吗？

答案是不会发生变化。如果不想改变粒子动力学，会发生什么？幸运的是，若能准确地改变波函数的相位，就可以完全抵消规范变换的效果。也就是说，我们可以将波函数的相位做如下转换：

$$\psi' = e^{i\theta}\psi$$

其中，满足相位转换前和转换后的薛定谔方程波函数分别是 ψ 和 ψ'。需要说明的是，这里的 $e^{i\theta}$ 是相位因子（phase factor）。为了方便起见，让我们把这个公式称为"拓扑转换关系式"。

站在第一章中的寓言《杨氏双缝实验与量子时钟》所代表的世界观角度来看，这种变换就如同任意旋转量子时钟中波函数秒针的方向，无论如何调整波函数秒针的方向，可测量的物理量也不该发生改变。这是因为，事实上可测量的概率是由波函数秒针的长度决定的，而不是取决于波函数秒针的方向，即概率是波函数大小的平方。

$$|\psi'|^2 = |\psi|^2$$

现在我们要做的事情是展示以下内容：如果正确选择拓扑转换关系式中的相位 θ，则 ψ' 满足的薛定谔方程实际上与 ψ 满足的薛定谔方程是完全一致的。

要做到这一点，首先要对薛定谔方程略作修改，严格来说，不是修改，而是将其表述得更加实用，在通常波函数依赖时间的情况下，薛定谔方程如下所示：

$$i\hbar\frac{\partial}{\partial t}\psi = H\psi$$

之所以这样书写方程式，原因在于，正如动量是针对空间的微分算子一样，能量则是针对时间的微分算子。上述公式是拓扑转换之前的薛定谔方程，拓扑转换后的薛定谔方程表示如下：

$$i\hbar\frac{\partial}{\partial t}\psi' = H'\psi'$$

现在，我们把在拓扑转换关系式中得到的波函数代入这个薛定谔方程中，则如下所示：

$$i\hbar\frac{\partial}{\partial t}\left(e^{i\theta}\psi\right) = H'e^{i\theta}\psi$$

使用微分乘积法则来展开这个公式的左边部分，具体如下所示：

$$e^{i\theta}\left(-\hbar\frac{\partial\theta}{\partial t} + i\hbar\frac{\partial}{\partial t}\right)\psi = H'e^{i\theta}\psi$$

微分乘积法则

微分乘积法则是指将多个函数的乘积取微分的方法。例如，下面就是一个关于微分的式子：

$$\frac{d}{dx}(fg)$$

其中，f 和 g 都是 x 的函数，这时，微分乘积法则表示如下：

$$\frac{d}{dx}(fg) = \frac{df}{dx}g + f\frac{dg}{dx}$$

简单来说，两个函数乘积的微分，就是将其中一个函数微分后乘以另一个函数，然后把二者相加。这种思路同样适用于三个函数的乘积，具体如下：

$$\frac{d}{dx}(fgh) = \frac{df}{dx}gh + f\frac{dg}{dx}h + fg\frac{dh}{dx}$$

现在，把上面公式左边的第一项移到右边，可以得出如下结论：

$$i\hbar\frac{\partial}{\partial t}\psi = \left(e^{-i\theta}H'e^{i\theta} + \hbar\frac{\partial\theta}{\partial t}\right)\psi$$

然后，把该方程式的右边进一步分解，结果如下：

$$i\hbar\frac{\partial}{\partial t}\psi = \left[\frac{1}{2m}\left(\boldsymbol{p} - \frac{q}{c}(\boldsymbol{A} + \nabla f) + \hbar\nabla\theta\right)^2 + q\left(\phi - \frac{1}{c}\frac{\partial f}{\partial t}\right) + \hbar\frac{\partial\theta}{\partial t}\right]\psi$$

此时，一旦选择好相位 θ，就能搞清楚规范变换的效果将被完全消除的事实。

$$\theta = \frac{q}{\hbar c}f$$

再强调一下，f 和 θ 的效果完全抵消了。

$$-\frac{q}{c}\nabla f + \hbar\nabla\theta = -\frac{q}{c}\frac{\partial f}{\partial t} + \hbar\frac{\partial \theta}{\partial t} = 0$$

总之，最终的薛定谔方程与规范变换之前的薛定谔方程完全一致。

$$i\hbar\frac{\partial}{\partial t}\psi = \left[\frac{1}{2m}\left(\boldsymbol{p} - \frac{q}{c}\boldsymbol{A}\right)^2 + q\phi\right]\psi$$

综上所述，若对波函数采用相位转换，可以完全抵消因哈密顿算子产生的规范变换效果。从某种意义上说，这两种转换起到了同样的作用。因此，物理学家干脆把相位转换称作"规范变换"，这就是从一开始就把相位转换称为"规范变换"的缘故。

仔细想想，真是妙不可言。描述电磁场的麦克斯韦方程组孕育着量子力学的种子，而描述量子力学的薛定谔方程从一开始就具有规范对称性，那么，波函数命中注定要成为复数。

命运

你相信命运吗？简而言之，命运就意味着一切都是预先设定好的，它看起来非常符合物理学世界观的观点。根据物理学，只要给予初始条件，所有粒子的动力学完全由物理定律决定。那么，从原则上来讲，宇宙的命运也是由最初预设的条件所决定的，这就是所谓的机械论世界观或科学决定论（scientific determinism）观点。

对此，19 世纪的法国数学家皮埃尔·西蒙·拉普拉斯（Pierre

Simon Laplace）表达了他的观点：

"我们可以把宇宙的现在看作是过去的果和未来的因。如果有一个智者能知道某一刻所有自然运动的力和构成自然的所有粒子的位置，而且他的智力足够强大，能够分析相关信息，那么，他就能把宇宙最庞大天体和最细小原子的运动纳入一个简单的公式里。因为，对于这个智者来说，根本不存在任何不确定性的事物，未来就像过去一样出现在他面前。"

这里所提到的"智者"就是后人所说的"拉普拉斯妖"（Laplace's demon）。世间真有"拉普拉斯妖"吗？也许根本就没有，原因主要有两点：

一是量子力学。根据量子力学，万物的命运皆取决于波函数，而波函数由薛定谔方程这一决定论方程来描述。从这个角度来看，量子力学也无法摆脱决定论。

然而，即使"拉普拉斯妖"掌握在特定时刻描述所有粒子的动力学波函数，所有具有实际意义的物理量仍只能通过测量来确定。在进行物理测量的那一刻，以前的所有信息都会消失，宇宙的状态被重置。宇宙被重置到哪个状态只能由概率来决定，而波函数的平方就是这个概率。

不妨回想一下，这正是第一章中关于量子力学的哥本哈根诠释。根据哥本哈根诠释，如果进行物理测量，波函数就会崩溃。至少是在测量所影响的范围内，关于以前状态的信息都会消失。这样，即使是"拉普拉斯妖"，也不能拥有关于宇宙的所有信息。

二是热力学第二定律。根据热力学第二定律，熵始终在增加。这意味着，再厉害的"拉普拉斯妖"也不能永远厉害下去。这同时意味着，即使在某个时期，"拉普拉斯妖"是可能存在的。但是，随着时间的推移，也将无法收集和分析关于宇宙的所有信息。这是由于包括"拉普拉斯妖"在内的整个宇宙的熵始终在增加。正如第三章中所讲述的那样，无论房间打扫得多么干净，整个宇宙的熵都在增加，二者是一个道理。

总之，"拉普拉斯妖"不可能存在，也不可能完全了解宇宙的命运。宇宙中确实存在可预测的秩序，因为根据热力学第二定律，即使整体熵始终在增加，局部也会产生秩序，这种局部秩序之一就是生命。

生命的存在并不是件容易的事情。如果生命想从热力学第二定律获取对自身的守护，就必须拥有复杂的物质结构。必须形成原子，原子结合成分子，分子结合成凝聚态物质，凝聚态物质应实现高度组织化。

不过，结合是有条件的，那就是需要力。力的根本原理是由规范对称性赋予的，而规范对称性的前提条件是波函数。因此，仔细想想，量子力学不仅是提供原子形成的共振条件，还通过提供力的基本原理来形成原子本身。再进一步说，量子力学是凝聚态物质和生命的基本原理。

量子力学就是命运。

第五章

物质：关系论

一切皆因缘分，我们能以这种方式相遇也是缘分。你现在正在阅读的文字，是从我动笔的那一刻开始，经历了很长时间，才与你见面的。正如太阳系中离我们最近的恒星"比邻星"在4.2光年前发出的光，现在还在照耀着我们一样。如果在读者中有人因为这些文字而重新思考和认识人类存在的意义，即使仅有寥寥几人，那这算不算我们之间拥有了值得珍惜的缘分？珍惜缘分，才能不负遇见。

有一部电影名为《天堂电影院》，是意大利的朱塞佩·托纳多雷（Giuseppe Tornatore）导演的作品，讲述了一位疯狂热爱电影的男孩托托的成长故事，电影围绕着爱情和友谊的主题展开，引发了人们关于如何理解缘分的思考。

20世纪80年代，在意大利罗马有一位著名的电影导演萨尔瓦托雷·迪·维塔（Salvatore Di Vita），有一天他听到一个消息，在他位于西西里的家乡，一位名叫阿尔弗雷多的老友去世了，故事由此展开。

托托是萨尔瓦托雷小时候的名字，他的父亲参加"二战"，被派往俄罗斯前线，家中留下了妈妈和年幼的弟弟。托托并未因此而感到孤独，因为他经常去一家名为"天堂电影院"的电影院，偷偷去看喜欢的电影。

电影院里有一位上了年纪的放映员阿尔弗雷多，调皮的托托每逢电影一结束就跑到放映室，缠着阿尔弗雷多教他放映技术。阿尔弗雷多告诉他，放映员这个职业是一份非常糟糕的职业，自己早就厌倦了被关在放映室里，每部电影都要看上几百遍的日子。于是，他每次都把托托赶走了。

当时，意大利南部的社会非常保守。所有计划上映的电影都要经过村教堂的神父审核，只要看到电影中出现接吻的场面，神父就让阿尔弗雷多剪辑掉相关场面的胶片。托托一直琢磨着怎样才能看到被剪辑掉的电影场面。

由于丈夫不在身边，托托的妈妈要照顾托托和弟弟，每天都过得异常辛苦，她对托托痴迷电影这件事也有些不开心。有一天，托托把从阿尔弗雷多那里偷来的胶片碎片引燃了，兄弟两人险些丧命。事后，托托被禁止再去电影院。

小时候没有受过良好教育的阿尔弗雷多，在他上了年纪后才去参加小学毕业考试。考试的地点正是托托所在的学校，两人再次见面。没有好好备考的阿尔弗雷多请求托托给自己看看答案，作为回报，阿尔弗雷多同意托托学习放映技术。就这样，两人的关系在传授和学习放映技术的过程中越走越近，处得像好朋友一样。

图 11　电影《天堂电影院》的场景

　　一天，阿尔弗雷多准备把电影院的放映机借给村民们，在广场上放映电影。但由于一时大意，胶片起火，大火瞬间吞没了电影院。托托把阿尔弗雷多从大火中救了出来，虽然保住了性命，但阿尔弗雷多还是因火灾失明了。

　　幸运的是，不久后一位来自那不勒斯的彩票中奖者出资新建了电影院大楼，取名"新天堂电影院"，并重新开放。托托成为这家新电影院的放映员，他终于实现了小时候的梦想。因为有了工作，托托曾想放弃学业，但在阿尔弗雷多的一再劝说下，他答应一直学习到高中毕业。

　　在学校里，托托用家用摄像机练习拍摄，当他第一眼看到新转学来的埃琳娜时，就迷上了她。后来，托托患上了相思病，他向阿尔弗雷多寻求帮助，阿尔弗雷多给托托讲述了士兵和公主的故事：

"从前，有一个士兵爱上了公主。公主对士兵承诺，如果他愿意在阳台下等她100天，两人就可以恋爱。此后不论刮风下雨，士兵在阳台下坚守了99天，但第100天时，士兵却离开了。"

托托向阿尔弗雷多询问这个故事的深刻含义，阿尔弗雷多却说自己也不知道，并拜托说，如果日后托托知道了士兵最终离开的原因，一定要告诉他。

陷入单相思的托托最终追到了埃琳娜，两人成为恋人。但是，由于埃琳娜的父亲嫌弃托托是一个贫穷的放映员，反对两人谈恋爱，两人最终还是分手了。更糟糕的是，埃琳娜举家搬迁了，于是，托托参军，去服兵役。不知为何，托托在军队里写给埃琳娜的信件，全部被退回，就这样，托托和埃琳娜之间的缘分无疾而终。

托托复员后回到村里，他打算重新从事放映员工作。阿尔弗雷多却说，这个村庄太小了，他若想实现梦想，应该马上离开村子奔赴罗马，还嘱咐托托不要给自己写信，忘记家乡，永远不要回头看。托托把阿尔弗雷多的话铭记于心，时光荏苒，最终托托成了一名著名的电影导演。

遵从阿尔弗雷多的嘱托，过去的30年间，托托从未回过家乡。为了参加葬礼，托托回到村子，发现新天堂电影院已经被拆除，家乡的变化很大，他顿觉伤感。返回罗马时，托托带上了阿尔弗雷多留下的电影胶片，这些电影胶片是阿尔弗雷多的遗物。托托在自己的放映室里打开了放映机，他想看看这些胶片里到底记录了什么内容。

这部影片最令人感动的便是结尾，当阿尔弗雷多留下的这些胶片被投射到银幕后，映入眼帘的全部是演员接吻的画面，正是那些托托小的时候，在村里的神父逼迫下剪辑掉的电影场景。这些老电影的吻戏场面应接不暇地出现在银幕上，托托泪流满面。

托托和阿尔弗雷多是一对忘年交，也是疯狂热爱电影的同事，还是成就彼此人生的家人。就这样，缘分造就了家庭，家庭之间互为邻里，邻里聚在一起，构成了社会。运气好的话，社会就会进步，继而诞生文明。不知道这个逻辑是否过于简单，不过缘分的确催生了文明。

在微观世界中，也在发生类似的事情。原子相互建立关系，形成分子，分子聚集在一起，成为凝聚态物质。运气好的话，凝聚态物质进化成生命，意识随之产生。或许这个逻辑简单得有些荒谬，但是，原子的关系催生了意识。与此同时，拥有意识的人类彼此因缘相连，缘分又造就了家庭。如此一来，微观世界延伸至宏观世界。现在，让我们重新回到作为万物起点的微观世界，来进一步了解原子之间的关系。

共振结构

在第二章中已经提到，原子是原子核和电子引发的共振现象，当共振发生时，电子的波动会产生驻波，原子的关系基本上取决于原子中的驻波在三维空间如何振动。所谓共振结构其实是驻波在三维空间振动的形态。

那么，共振结构是如何决定原子之间关系的？在随后的章节中，我将详细进行阐述。原子是通过共享电子而相互连接在一起的。打个比方，原子是通过电子这一媒介互相传递，从而连接在一起的。（这个比喻，是不是似曾相识？）

在这种情况下，假设赋予这个传递电子的掷球游戏以特殊游戏规则，那么这个原子会与周围的四个原子结成"邻居"关系。如果这个原子的"邻居们"也都由同一类原子组成，那么，这些原子各自都会拥有毫无罅隙的四个"邻居"，从而形成晶格结构，即固体。像这种朝四个方向交换电子的原子是什么？同时，这个由原子以及无数的四个亲密"邻居"构成的固体是什么？

答案已经在第二章中揭晓了。这个原子就是碳，固体是钻石。而赋予传递电子掷球游戏的特殊游戏规则，正是驻波以三维形式振动的形态，即共振结构。（碳不仅可以变成钻石，甚至可以变成石墨。若碳在最外壳轨道上的四个电子中丢失一个，其余电子朝着三个方向有效交换时产生的物质就是石墨。）这说明，原子的关系是由共振结构决定的。

不幸的是，人类很难想象出驻波在三维空间振动的形态，尽管如此，我们还是来回想一下关于驻波的经典力学比喻。若想更好地理解这个比喻，我们应该摆脱地球，进入宇宙。现在，假设我们乘坐火箭访问空间站，在失去引力的空间内可以进行一个简单且有趣的实验（严格说来，是处于失重状态），让水珠飘浮在空中。在失重状态下，水珠会形成完美的球面。

现在，碰触这个水珠，水珠的球面就会振动。此时，用高速摄像机对准球面拍摄，就可以通过摄像机观察到球面振动的状态。

那么，在高速摄像机下，球面是如何振动的呢？

通常情况下，振动形态既千姿百态又很复杂。其中，我们重点关注的是哪种振动能长时间地持续下来。在球面上长时间保持下来的振动被称为"球面驻波"（spherical standing wave）。在数学上，球面驻波要用一个非常著名的函数来进行描述，即球面调和函数（spherical harmonics）。

另外，还有一些可在陆地上进行实验的例子，尽管这样的实验还存在很多不足，比如，莱顿弗罗斯特现象，是指在烧热的平底锅上洒水时发生的现象。将少量水突然洒在烧热的平底锅上，此时，平底锅的温度比水的沸点要高得多，接触平底锅的水的底部会快速沸腾，在水和平底锅之间形成由蒸汽组成的隔热层，这样形成的蒸汽隔热层使水滴在空中飘浮，在平底锅上自由移动。此时的水滴保持任意振动状态，当然，热平底锅上的水滴与宇宙里的水滴振动的状态是相似的。

现在，我们跳出经典力学比喻，重新回到量子力学的世界。在原子中产生的共振结构由薛定谔方程来确定。

$$E\psi = H\psi$$

而描述特定原子的薛定谔方程，其具体形式由哈密顿算子来决定。正如在第二章中所讲述的那样，氢原子的哈密顿算子公式如下：

$$H = -\frac{\hbar^2}{2m}\left(\frac{\partial^2}{\partial x^2} + \frac{\partial^2}{\partial y^2} + \frac{\partial^2}{\partial z^2}\right) - \frac{e^2}{\sqrt{x^2+y^2+z^2}}$$

在下一节中，我们将尽可能详细地解读氢原子的薛定谔方程。

原子理论的起点 —— 氢原子

氢原子是原子理论的起点，了解了氢原子，就能很好地理解其他原子。若想理解氢原子，首先要求解氢原子的薛定谔方程。不过，这并非易事，仅仅是它的哈密顿算子看起来就非常复杂。那么是否有办法可以将复杂的薛定谔方程简单化呢？

从某种意义上来说，数学就是"符号游戏"。只要找准变量，看起来再复杂的方程也能化繁为简。而且，如果能把方程式整理得简洁明了，那么在很多情况下，解方程式往往会易如反掌。

前面提到，薛定谔方程的哈密顿算子看起来非常复杂，一个最重要的原因是它混合使用了三个变量，即 x、y、z。这里要说明一下，由 x、y、z 组成的坐标系被称为"笛卡尔坐标系"（Cartesian coordinate system）。那么，除了 x、y、z，还能找到一个新的、更合适的变量吗？万幸的是，能找到。

我们用变量 $r = \sqrt{x^2 + y^2 + z^2}$ 来更直观地表示从原子核到电子的距离，公式中的 r 是指半径。现在，就可以列出一个相对简练的氢原子薛定谔方程式了，具体如下：

$$E\psi = \left(-\frac{\hbar^2}{2m}\nabla^2 - \frac{e^2}{r} \right)\psi$$

或许你也发现了，上面的薛定谔方程虽然看起来简练，其实只是一个障眼法而已。因为只是把针对空间进行两次微分的算子置换成了所谓的拉普拉斯算子（Laplacian），符号为"∇^2"。

$$\nabla^2 = \frac{\partial^2}{\partial x^2} + \frac{\partial^2}{\partial y^2} + \frac{\partial^2}{\partial z^2}$$

　　为了不再使用单纯的障眼法，应该利用新的坐标系表示在笛卡尔坐标系中的拉普拉斯算子，新的坐标系由包含 r 的变量构成。这个新的坐标系就是球面坐标系。

　　什么是球面坐标系？简言之，球面坐标系就是用半径、极角和方位角表示三维空间中的一个位置。通俗地讲，极角和方位角分别相当于确定地球表面某个位置的变量——纬度和经度。

　　再解释得详细一些，地球表面的一个位置要靠纬度和经度这两个角度来确定。首先，纬度是指以赤道为基准，来确定某个位置是位于赤道北方还是南方的角度。经度是连接北极和英国格林尼治天文台的大圆，即以本初子午线为基准，来确定某个位置是位于东边还是西边的角度。（提示一下，目前使用的本初子午线与以格林尼治天文台为基准的本初子午线有细微差别。）

　　极角与纬度基本没有区别，但是以北极为基准，而不是赤道。也就是说，北极的极角为 0 度，赤道的极角为 90 度，南极的极角为 180 度。方位角与经度完全相同，同样以"本初子午线"为基准，只不过这里的"本初子午线"是北极和 x 轴与穿过球面的点连接的大圆。

　　半径是指地球中心到地球表面的距离。对于地球来说，半径（几乎）不会改变，但通常若想在三维空间确定位置，半径这个条件是必不可少的。

　　我们再来梳理一下，在球面坐标系中，三维空间中的一个位置由半径 r、极角 θ 和方位角 φ 来表示。具体来讲，笛卡尔坐标系中的变量 x、y、z 和球面坐标系中的变量 r、θ 和 φ 之间的坐标变换公式如下：

$$x = r\sin\theta\cos\varphi$$
$$y = r\sin\theta\sin\varphi$$
$$z = r\cos\theta$$

如果使用坐标变换公式，变量可以在笛卡尔坐标系和球面坐标系之间随意转换。尤其是，如果能有效使用坐标变换公式，在球面坐标系中，拉普拉斯算子可以表示为：

$$\nabla^2 = \frac{1}{r^2}\frac{\partial}{\partial r}\left(r^2\frac{\partial}{\partial r}\right) + \frac{1}{r^2\sin\theta}\frac{\partial}{\partial\theta}\left(\sin\theta\frac{\partial}{\partial\theta}\right) + \frac{1}{r^2\sin^2\theta}\frac{\partial^2}{\partial\varphi^2}$$

数学小课堂

在球面坐标系中求拉普拉斯算子的方法

在笛卡尔坐标系中，拉普拉斯算子表示如下：

$$\nabla^2 = \frac{\partial^2}{\partial x^2} + \frac{\partial^2}{\partial y^2} + \frac{\partial^2}{\partial z^2}$$

我们的目的是用球面坐标系中的变量来表示拉普拉斯算子。为此，应该把对 x、y、z 的微分算子转换为对 r、θ、φ 的微分算子，方法就是运用微分链式法则（chain rule）。例如，对 x 的微分算子可以表示如下：

$$\frac{\partial}{\partial x} = \frac{\partial r}{\partial x}\frac{\partial}{\partial r} + \frac{\partial\theta}{\partial x}\frac{\partial}{\partial\theta} + \frac{\partial\varphi}{\partial x}\frac{\partial}{\partial\varphi}$$

以此类推，也可以用同样的方法来表示对 y、z 的微分算子。虽然中间计算过程有点复杂，但若能准确利用笛卡尔坐标系和球面坐标系之间的坐标转换公式，可以在球面坐标系中求取拉普拉斯算子。

在球面坐标系中，拉普拉斯算子虽然看起来非常复杂，但其中蕴含着简单又便捷的结构。详见如下公式：

$$\nabla^2 = \frac{1}{r^2}\frac{\partial}{\partial r}\left(r^2\frac{\partial}{\partial r}\right) + \frac{A}{r^2}$$

$$A = \frac{1}{\sin\theta}\frac{\partial}{\partial\theta}\left(\sin\theta\frac{\partial}{\partial\theta}\right) + \frac{B}{\sin^2\theta}$$

$$B = \frac{\partial^2}{\partial\varphi^2}$$

拉普拉斯算子 ∇^2 中包含着小的微分算子 A，A 又包含着小的微分算子 B。这有点像俄罗斯套娃，大娃娃里面装着小娃娃。值得注意的是，事实上，至少在形式上三个微分算子 ∇^2、A 和 B 分别与 r、θ、φ 形成依存关系。也就是说，∇^2 只依存于 r，A 只依存于 θ，B 只依存于 φ，从专业角度来讲，这被称作"变量分离"（separation of variables）。严格说来，若要使变量分离成立，A、B 应该是不依存于其他变量的常量。巧合的是，氢原子的情况正是如此。

我们重新来梳理一下吧，当使用变量分离方法时，拉普拉斯算子被分离成依存于球面坐标系的各个变量的三个独立算子。换一种不同的说法是，所有波函数可以由依存于球面坐标系各个变量的三个独立波函数的乘积来表示。

$$\psi = R(r)P(\theta)Q(\varphi)$$

满足这部分波函数的波方程式具体表示如下：

$$ER(r) = \left(-\frac{\hbar^2}{2m}\frac{1}{r^2}\frac{\partial}{\partial r}\left(r^2\frac{\partial}{\partial r}\right) - \frac{\hbar^2}{2m}\frac{A}{r^2} - \frac{e^2}{r}\right)R(r)$$

$$AP(\theta) = \left(\frac{1}{\sin\theta}\frac{\partial}{\partial\theta}\left(\sin\theta\,\frac{\partial}{\partial\theta}\right) + \frac{B}{\sin^2\theta}\right)P(\theta)$$

$$BQ(\varphi) = \frac{\partial^2}{\partial\varphi^2}Q(\varphi)$$

那么，满足上述波函数的波方程式的物理意义是什么？为了增进理解，我们从最后一个波方程式，也就是从第三个波方程开始说明会相对简单一些。

第三个波方程是依存于方位角的波方程。其实，这个波方程与玻尔的量子化条件有着密切关系。具体来讲，第三个波方程是微分方程式，是取两次微分的值与函数本身成正比的函数。我们在第一章和第二章中已经接触过这个函数，即指数函数。（指数函数是取一次微分后的值与函数本身成正比的函数，因此，取两次微分后的值也与函数本身成正比。）

$$Q(\varphi) = e^{im\varphi}$$

其中，m 是一个整数，叫作"磁量子数"（magnetic quantum number）。（注意：不要与电子的质量混淆！）从物理上讲，这个波函数仅限于用来描述在圆形轨道上振动的波。

像这种局限于圆形轨道振动的波若要形成驻波，需要方位角旋转 360 度，即 2π，这时，波函数不发生变化。换句话说，当波函数绕圆形轨道旋转一圈时，仍会回到原来的状态。

$$Q(\varphi + 2\pi) = Q(\varphi)$$

根据欧拉公式，要想满足这个条件，m 必须是一个整数，这也是玻尔的量子化条件。

现在，我们来了解一下什么是 B 的值。每微分一次 $Q(\varphi)$，就会产生一个叫作 im 的比例系数。从结果来看，在第三个微分方程中，B的值如下：

$$B = -m^2$$

令人高兴的是，B 也是一个常数。

第二个波方程依存于极角。我们运用前面得到的第三个波方程的结果，来重新列出第二个微分方程。

$$AP(\theta) = \left(\frac{1}{\sin\theta} \frac{\partial}{\partial\theta} \left(\sin\theta \frac{\partial}{\partial\theta} \right) - \frac{m^2}{\sin^2\theta} \right) P(\theta)$$

实际上，第二个微分方程与前一节解释共振结构时提到的，在球面上形成驻波的条件有着密切联系。大家一定还记得，在太空中，水滴可以形成球面，触碰球面时，保持长时间振动的正是球面驻波。第二个波方程即可决定这个球面驻波的形成条件和它的具体形态。

在这里，我不再详细讲述这个公式是如何推导出来的，从数学上来讲，第二个波方程是整体角动量大小被量子化的条件。整体角动量的大小是 x、y、z 方向的角动量平方之和。

$$L^2 = L_x^2 + L_y^2 + L_z^2 = -\hbar^2 \left(\frac{1}{\sin\theta} \frac{\partial}{\partial\theta} \left(\sin\theta \frac{\partial}{\partial\theta} \right) - \frac{m^2}{\sin^2\theta} \right)$$

把第二个波方程与上述公式进行比较，得出以下结论：

$$L^2 P(\theta) = -A\hbar^2 P(\theta)$$

其中，关于 A 的公式如下：

$$A = -l(l+1)$$

公式中的 l 是正整数，亦被称为"角动量量子数"（angular momentum quantum number）。幸运的是，A 也是常数。稍后我会做进一步说明，角动量量子数 l 和磁量子数 m 是相互联系的。

图 12 展示了最终得到的球面驻波的形状（严格来说，是描述球面驻波的波函数的实数成分）。球面驻波的形状由角动量量子数 l 和磁量子数 m 来决定。概括地讲，球面驻波角动量量子数 l 越大，整体振动越多；磁量子数 m 越大，围绕 z 轴旋转的方向，即方位角方向的振动越多。出于历史原因，球面驻波根据角动量量子进行了命名。具体来说，$l=0$、1、2、3 的球面驻波分别称为"s 波""p波""d 波""f 波"。

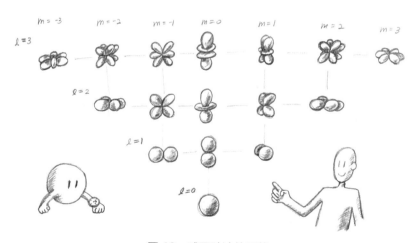

图 12　球面驻波的形状

第一个波方程依存于半径，它最终决定氢原子的能级。我们运用前面求得的第二个波方程的结果，重新列出第一个微分方程：

$$ER(r) = \left(-\frac{\hbar^2}{2m}\frac{1}{r^2}\frac{\partial}{\partial r}\left(r^2\frac{\partial}{\partial r}\right) + \frac{\hbar^2}{2m}\frac{l(l+1)}{r^2} - \frac{e^2}{r} \right)R(r)$$

事实上，这个波方程是水到渠成的。因为可以将相当于势能的两个项组合成非常直观的有效势能，如下所示：

$$V_{\text{eff}}(r) = \frac{l(l+1)\hbar^2}{2mr^2} - \frac{e^2}{r}$$

在这个公式中，第一项是因离心力产生的势能，第二项是因电磁力，即由库仑相互作用产生的势能。特别是，如果你要一些数学上的"小聪明"，就可以把这个波方程变成更简洁的形式。具体来说，波函数 $R(r)$ 可用如下公式表示：

$$R(r) = \frac{u(r)}{r}$$

满足 $u(r)$ 的波方程如下所示：

$$\left(-\frac{\hbar^2}{2m}\frac{\partial^2}{\partial r^2} + V_{\text{eff}}(r) \right)u(r) = Eu(r)$$

用这个薛定谔方程来描述驻波，即在以半径为变量的一维空间中带有有效势能而振动的驻波。这里，我也不做详细阐述，关于氢原子的能级，即 E，用公式表示如下：

$$E = -\frac{Ry}{n^2}$$

在这个公式中，Ry 是第二章中提到的里德伯能量单位。此时，n 是一个大于 1 的整数，也被称为"主量子数"（principal quantum number）。或许你已经猜到了，这个结果与玻尔原子模型的结果完全一致！顺便提一下，主量子数 n 和角动量量子数 l 之间的关系如下所示：

$$l = 0, 1, \cdots, n-1$$

也就是说，如果已知主量子数 n，则角动量量子数 l 是小于 n、大于或等于 0 的整数。同理，角动量量子数 l 和磁量子数 m 之间的关系如下所示：

$$m = -l, -l+1, \cdots, l-1, l$$

上述公式告诉我们，如果已知角动量量子数 l，磁量子数 m 就是介于 $-l$ 和 l 之间的整数。详见图 12。

在前面已经提到，氢原子的薛定谔方程得到的结果与玻尔原子模型的结果完全一致。不过，你是否对此仍心存疑惑？玻尔的量子化条件与方位角的波方程是有关联的。正如前面看到的那样，对方位角形成驻波的条件是使磁量子数 m 量子化。实际上，决定能级的量子数不是磁量子数 m，而是主量子数 n。仔细思考一下，这两个毫无直接关系的量子数，在奇妙的"缘分"下，得出了同样的结果！

先不考虑这种奇妙的心情，还是言归正传。我们已经掌握了确定氢原子能级的公式，氢原子中的电子可以位于这个能级中的任何一个位置，如果电子位于最低的能级，氢原子的状态会变成最稳定的状态，这个状态就是基态，而能量高于基态的状态通常被称作"激发态"。

这样一来，我们就明白了氢原子是如何产生的。很好！那么，其他原子是如何产生的？

原子形成的一般规则是什么？

填充结构

单就能级而言，其他原子也与氢原子相差无几。当然，这是在假设忽略电子和电子之间相互作用的条件下得出的结论。稍后，我会对此进行详细说明，这其实并不是一个糟糕的假设。我们先忽略电子和电子之间的相互作用，来列出描述原子核和单个电子间动力学的薛定谔方程：

$$E\psi = \left(-\frac{\hbar^2}{2m}\nabla^2 - \frac{Ze^2}{r}\right)\psi$$

其中，Z 是原子核的原子序数，即构成原子核的质子的数量。通常，由于原子保持电荷中性，因此具有与质子数量相同的电子。

这个薛定谔方程基本上与氢原子的薛定谔方程一致，唯一的区别在于，原子序数只起到了略微修改能级公式的作用。具体来说，只要把里德伯能量单位里的 e^2 换成 Ze^2 即可。总之，能级公式可以改写为：

$$E = -Z^2 \frac{Ry}{n^2}$$

简言之，原子序数的作用是使所有的能量都达到 Z^2 的程度。现在留给我们的课题就是用 Z 个电子填充前面所获的能级。

那么，是否有可能让所有电子进入能量最低的状态，即达到主量子数 $n=1$ 的基态？如果答案是肯定的，那么所有电子能量相加的整体能量也将是最低的。不过，根据"泡利不相容原理"（Pauli's exclusion principle），这是不可能的。粗略地讲，所谓的"泡利不相容原理"是一个定律，明确了在一个指定的量子态中只能容纳一个电子。

这里提到的量子态是什么？从本质上讲，量子态意味着一个驻波。因此，根据泡利不相容原理，不能同时将多个电子填充进基态。不过，电子会从基态开始，按照能量由低到高的顺序依次填充能级。

严格来说，一个能级可以容纳两个电子。因为电子主要分两种，且电子可以围绕 z 轴向右利手方向或左利手方向自转。（所谓右利手方向是指用右手握住 z 轴时，除了大拇指以外其他手指指向的旋转方向。左利手方向则是指相反的方向。）电子的自转在量子力学上称为"自旋"。为了方便起见，将向右利手和左利手方向自转的电子的状态区分成上旋、下旋。

总之，一个能级可以填充两个具备上旋和下旋状态的电子。按照这种方式，电子从基态开始，随着能量升高的顺序依次填充能级。

以碳为例，本书第二章中也已经提到，碳原子核由 6 个质子组成。因此，碳原子基本上是通过准确地将 6 个电子依次填充到能级而形成的。具体来讲，根据主量子数 n、角动量量子数 l 和磁量子数 m 之间的关系，按照接下来的顺序完成填充。

首先，可以在主量子数 $n=1$（$n=1$，$l=0$，$m=0$）状态下，填充 1 个上旋的电子和 1 个下旋的电子。提示一下，满足 $n=1$（$n=1$，$l=0$，$m=0$）的状态，通常被称为"$1s$ 状态"。

其次，在主量子数 $n=2$（$n=2$，$l=0$，$m=0$）状态下，即 $2s$ 状态和 $2p$（$n=2$，$l=1$，$m=-1$，0，1）状态下，要填充其余 4 个电子。主量子数 $n=2$ 的状态下的电子总数为 4 个，根据自旋状态，最多可以填充 8 个电子。

起初，我认为，在主量子数 $n=2$ 的状态下，一切能量是相等的，无论在它们中如何进行填充，似乎没有太大差异。但是，若出于某种原因，4 个电子都拥有同样的自旋状态，那么在主量子数 $n=2$ 的状态下，就会公平地分配这些电子。（提示一下，当填充相同的能级时，电子倾向于尽可能都拥有相同的自旋状态，这一定律也叫作"洪特规则"。）

在这种情况下，主量子数处于 $n=2$ 的状态会结合，形成像人的手臂一样向外伸展的驻波，成为与其他原子建立关系的纽带。像我之前讲到的那样，这意味着碳会朝着四个方向交换电子。总之：

原子是由薛定谔方程式所导出的共振结构和

根据泡利不相容原理定义的填充结构来决定的。

在下一节中，我们来了解一下"泡利不相容原理"到底是如何出现的。

泡利不相容原理

所有的电子都是一样的，不管用什么方法，我们都无法区分电子。这一事实不仅适用于电子，而且适用于所有的基础粒子。相互无法区分的粒子给描述不同情况的波函数带来了很多限制，这种局限性被称为粒子的"统计"（statistics）。

我们来看一下，由 N 个无法区分的粒子组成的系统的波函数。

$$\Psi(r_1, r_2, \cdots, r_N)$$

其中，r_1、r_2、$\cdots$、r_N 是分别表示第 1、2、$\cdots$、N 个电子位置的向量。当然，这种区分个别粒子的做法是没有意义的。比如，即使改变 1 号和 2 号电子的位置，波函数描述的物理情况也不会发生改变。波函数描述的物理情况不会改变，这意味着什么？

前面已经多次提到过，在物理学上具有意义的概率是根据波函数大小的平方计算出来的。无论如何改变波函数的相位（规范变换），概率也不会变。因此，从物理的角度来讲，1 号和 2 号电子位置改变前后的波函数是完全一致的，也完全不存在相位因子的差异。换句话说，不应该有除相位因子差异之外的其他差异。

$$\Psi(r_2, r_1, \cdots, r_N) = e^{i\theta}\Psi(r_1, r_2, \cdots, r_N)$$

通常来讲，由包括电子在内的所有粒子的交换而产生的相位 θ，可能是依存于所有粒子位置的非常复杂的函数。但是大自然只允许我们拥有最简单的两种情况。也就是说，宇宙中所有粒子均具有因粒子交换产生的相位因子 +1 或 –1，且两者中只能择其一。粒子交换产生的相位因子为 +1 的粒子称为"玻色子"，而相位因子为 –1 的粒子称为"费米子"。这里要指出的是，光子是玻色子，电子是费米子。

事实上，你可以认为，由粒子交换而产生的相位因子不是 ±1，而是任意复数。虽然还没有通过实验得到证实，但这些特殊的统计在二维层面上是可能实现的。适用于这种统计的粒子被称作"任意子"。

我们对电子感兴趣，所以请把注意力集中在费米子上。如果交换两个费米子的位置，需要在波函数上加 –1。

$$\Psi(r_2, r_1, \cdots, r_N) = -\Psi(r_1, r_2, \cdots, r_N)$$

在上述条件下，我们假设 1 号和 2 号粒子的位置相同，即 $r_1 = r_2$ 成立，这就意味着有一个函数，两边都添加负号后，数值相同。换句话说，波函数为零。最终，两个以上无法区分的费米子不能存在于同一位置，这就是泡利不相容原理。

事实上，位置并不是最重要的。现在，我们已经很清楚，粒子并不是固定在一个点上，而是散布在空间里。因此，交换粒子就意味着不仅交换了位置，同时还将交换所有能辨识粒子状态的物理量。总而言之，泡利不相容原理告诉我们，根据所有可观察物理量来判断的"量子状态"中，不可能同时存在两个以上的费米子。那么，可观察的物理量有哪些？

除了由位置决定的轨道自由度（orbital degree of freedom）外，电子还拥有被称作自旋的内自由度（internal degree of freedom）。正是基于这个原因，在交换 1 号和 2 号粒子时，不仅要交换位置，还应该交换它们的自旋状态，这一点我们在前面也讲述过。这种同时交换轨道和自旋量子状态的情况，适用于泡利不相容原理。

综上所述，电子是费米子。描述由多个电子组成的系统的波函数满足泡利不相容原理，根据这一原理，每个给定的轨道状态中，都可以分别填充一个上旋和下旋的电子。

如果可以忽略电子和电子之间的相互作用，就能够以这种方式来了解所有原子的电子结构。当然，在大多数情况下，这种方式是最好的选择。不过，不能盲目忽视电子与电子之间的相互作用，随着原子序数的扩充，原子的电子结构也越来越复杂。在这里，我暂时不打算深入讲解原子核中电荷量较大的原子的电子结构。不过，接下来我们将看到，电子和电子之间的相互作用在原子的结合中同样发挥着至关重要的作用。

共价键合

为充分了解原子的结合，我们先来看一个结构简单的分子。或许，结构最简单的分子应该是由两个氢原子组成的氢分子。

再具体一点，我们来想象一下，如果两个氢原子之间保持着一定的距离，而且距离足够远，那么这两个氢原子就可以相对独立地运动。这时，两个电子基本上会被绑缚在不同的氢原子核上。

不过，我们无法知晓哪个电子究竟被绑缚在什么样的氢原子核上，因为所有的电子是无法辨别的，关于这一点，我在前面已经提到过。但是，电子不能完全被束缚在任何一个氢原子核上，而是形成在两个氢原子核之间来回徘徊的量子态。那么，这种量子态到底是什么？

首先，让我们用波函数 $\Psi_L(r)$ 来表示一个电子在某一时刻被绑缚在左侧的氢原子核上的状态，同样地，另一个电子在某一时刻被捆绑在右边的氢原子核时，可以用波函数 $\Psi_R(r)$ 来表示。

现在，到了考虑电子和电子之间的相互作用的时候了，电子和电子之间存在相互排斥的库仑作用。换句话讲，就是两个电子不会被绑缚在同一原子核上，假设 1 号电子被绑缚在左边的氢原子核上，那么，2 号电子将被绑缚在右边的氢原子核上。反之，如果 1 号电子从左到右移向氢原子核，那么，2 号电子将反方向移位。（这里需要注意的是，所谓的 1 号电子和 2 号电子都只是临时代号，事实上，电子是无法辨别的。）

在数学上，描述第一种情况的波函数如下：

$$\psi_{12} = \psi_L(r_1)\psi_R(r_2)$$

同理，描述第二种情况的波函数是：

$$\psi_{21} = \psi_L(r_2)\psi_R(r_1)$$

在经典力学中，由两个电子组成的整体系统将从两种状态中任选其一。而在量子力学中，整体系统可能以两种状态的线性叠加（linear superposition）的模式存在。

所谓线性叠加，与第一章中提到的站在十字路口上的电子同时选择两条不同的轨迹的情况类似。在寓言《杨氏双缝实验与量子时钟》中，一个电子生成了两个分身，在两条狭缝之间同时穿过。同样，由两个电子组成的整体系统可以有两种状态，其一是 1 号电子被绑缚于左侧氢原子核、2 号电子被绑缚于右侧氢原子核；或者是 1 号电子被绑缚于右侧氢原子核、2 号电子被绑缚于左侧氢原子核的状态。也就是说，这两种状态会同时存在。更直观地来讲，线性叠加有如下两种可能性：

$$\Psi_+ = \psi_{12} + \psi_{21}$$

$$\Psi_- = \psi_{12} - \psi_{21}$$

实际上，上述两个波函数都不正确，因为在公式中，整体概率大于 1。要解决这个问题，需要将波函数乘以适当的常量，即

所谓的"归一化常数"（normalization constant），使整体概率等于
1。要做到这一点，在这个波函数中，ψ_{12} 和 ψ_{21} 的概率要各加上
1/2。但概率是波函数大小的平方，而不是波函数。准确地讲，归
一化常数应该是 $1/\sqrt{2}$，而不是 1/2。

$$\Psi_\pm = \frac{1}{\sqrt{2}}(\psi_{12} \pm \psi_{21})$$

现在，这两种可能性中哪种状态是正确的？大家应该想到，
电子是费米子，费米子应该符合泡利不相容原理。因此，如果交
换 1 号和 2 号电子的位置，就可以推断出前面带有负号的波函数，
即 Ψ_- 应该是正确的波函数。

但实际上要更复杂一些，因为电子具有自旋这种内自由度。
也就是说，电子有上旋和下旋两种状态，会以其中一种状态存在。
上旋状态标志为"$|\uparrow\rangle$"，下旋状态则标记为"$|\downarrow\rangle$"。（关于这个书
写的疑问，暂时搁置一下。）

现在，让我们来看看由两个电子组成的整体系统的自旋状态。
考虑到泡利不相容原理，对于相互交换个别电子的自旋状态，整
体系统的自旋状态的符号应该是恒定的。这些自旋状态可以用四
个波函数列出来：

$$\chi_{11} = |\uparrow\uparrow\rangle, \ \chi_{10} = \frac{1}{\sqrt{2}}(|\uparrow\downarrow\rangle + |\downarrow\uparrow\rangle), \ \chi_{1,-1} = |\downarrow\downarrow\rangle$$

$$\chi_{00} = \frac{1}{\sqrt{2}}(|\uparrow\downarrow\rangle - |\downarrow\uparrow\rangle)$$

其中，竖线和尖括号之间的第一个和第二个箭头分别表示 1
号和 2 号电子的自旋状态。

具体说明一下：第一个波函数表示 1 号和 2 号电子的自旋都

处于上旋状态；第二个波函数和最后一个波函数分别表示 1 号和 2 号电子的自旋具有上旋和下旋的自旋状态，且形成线性叠加的状态；第三个波函数表示 1 号和 2 号电子的自旋都处于下旋状态。

仔细观察一下，你会发现最上面一行给出的三个自旋状态，对于交换 1 号电子和 2 号电子的自旋，符号并未发生变化，而下面一行的自旋状态则改变了自旋交换的符号。

总之，包含轨道和自旋自由度的整体系统的波函数，可用如下两个波函数中的任何一个来表示：

$$\Psi_A = \Psi_- \cdot \chi_{1m}$$

$$\Psi_S = \Psi_+ \cdot \chi_{00}$$

其中，$m=-1$，0，1。上述两个波函数在物理上都是可行的。也就是说，如果同时交换 1 号和 2 号电子的位置和自旋，则整个波函数都要带负号。值得注意的是，Ψ_S 和 Ψ_A 分别被称为"对称键合（symmetric bonding）状态""反对称键合（antisymmetric bonding）状态"。

关于对称键合状态和反对称键合状态，从物理学来讲，有明显的差异吗？首先，可以关注一下，二者是否拥有同样的能量，或者哪一方拥有更低的能量。在这里，不再赘述，拥有较低能量状态的是 Ψ_S。

简单来讲，对称键合状态 Ψ_S 之所以拥有更低的能量，是因为即使 1 号和 2 号电子位于同一位置，波函数的值也不会消失，也就是说，电子位于两个氢原子核之间的概率是存在的。尽管这个概率不大，但足以导致能量降低。

更直观地来讲，电子位于两个氢原子核之间，像胶水一样将两个氢原子核黏合在一起。（提问：电子和电子间互相排斥的相互作用会产生什么样的效果？）像这样通过共享电子使原子结合在一起的原理，在专业领域被叫作"共价键合"（covalent bonding）。

另外，在反对称键合状态 Ψ_A 中，如果 1 号和 2 号电子存在于同一位置，波函数的值会消失。因此，电子存在于两个氢原子核之间的概率等于零。

值得注意的是，在这里，无论是处于对称键合状态还是反对称键合状态，自旋的状态都不会对能量产生直接影响。因为在只有库仑相互作用的情况下，能量仅取决于轨道自由度。自旋状态通过泡利不相容原理影响轨道自由度，因此只会间接地对能量产生影响。

共价键合是发生在与氢分子相同的原子之间的结合，或者是电子绑缚于原子核的相邻原子间的结合。共价键合是形成氢、氧、碳、氮等大多数有机化合物的原理。

但是，一个原子与另一个原子相比较而言，可能对电子的吸引会更强烈。这样一来，会发生具有正电荷的离子和具有负电荷的离子相互结合，这种结合原理则被称为"离子键合"（ionic bonding）。受离子键合作用形成的最典型的物质是盐。

事实上，关于原子结合的原理，还可以细分出很多种类，但主要分为三大类。除了共价键合和离子键合外，在分子的结合中通常是既有共价键合又有离子键合。

第三种结合是金属键合（metallic bonding）。通过金属键合，原子可以形成有序晶格结构的固体，即晶体，例如包括金属在内的导体和包括陶瓷在内的半导体。

晶格结构中的电子

通常在电子被绑缚在原子核的情况下才会发生共价键合。严格来说，在共价键合中，电子不能完全被绑缚在一个原子核上，而是在相邻的两个原子核间运动。但是，当原子增加时，电子就不能被绑缚在特定的原子核上，或者在相邻的两个原子核之间运动。换句话说，在构成原子的电子中，有一些会从原子核中解脱出来，变成所谓可自由运动的"自由电子"。当然，并非所有的电子都会成为自由电子，通常情况下，只有在最外壳轨道的电子才有这种可能性，而被原子核吸住的内部电子发生相互作用，为形成晶格结构奠定基础。

事实上，即使在最外壳轨道运动的电子成了自由电子，也并非真的可以像真空中的电子那样自由运动，原因在于晶格结构。

在晶格结构中，如同大海中的航道一样，为自由电子提供了易于运动或难于运动的路线。换句话说，电子在某条轨道上可以比较轻松地进行运动，而在另一条轨道上却阻力重重。电子的质量取决于运动方向，在晶格结构中被定义的电子质量叫作"有效质量"，电子有效质量的大小由方向决定，甚至有些时候，质量概念本身也不再被定义，这时，动能与动量的平方不成正比。即便如此，晶格结构中的自由电子还是可以自由运动的。

总结一下，最外壳轨道的电子成为自由电子，游弋在原子核和内部电子形成的晶格结构内，这些自由电子发挥着黏合剂的作用，使特定的晶格结构保持稳定。最终，包括内部电子和自由电子在内的所有电子，都在晶格结构形成的过程中发挥着自己的作用，这种原理被称作"金属键合"。

但是，自由电子究竟会形成什么状态？一般来说，晶格结构中的动能非常复杂。尽管如此，如果电子和电子的相互作用可以忽略不计，那么电子在晶格结构里也会如同它们在原子中的运动状态一样，按照从低到高的状态逐渐填充动能。从专业角度来讲，这种状态仿佛海水填充了大海，电子填充动量空间的状态因此被称为"费米海"。总之，在有序晶格结构的晶体中，自由电子形成了自由移动的费米海。

关于费米海的故事到此结束了吗？当然不是，因为还遗留了一个重要问题，是关于费米海的形成，我们没有正确地考虑电子和电子的相互作用。不妨回忆一下，对于共价键合来说，电子的互动起到了非常重要的作用。在费米海中，电子和电子的相互作用能忽略不计吗？

费米海

有一个领域，叫作固体物理，主要研究导体、半导体、绝缘体和超导体等带有序晶格结构的晶体中所发生的各种物理现象。严格说来，固体物理实际研究的课题往往是液体的性质，因为决定固体主要性质的电子会形成费米海（"费米海"又名"费米液体"）。

在上一节的结尾处，我们提出了一个问题：

在费米海中，电子和电子的相互作用能忽略不计吗？

答案是肯定的，可以忽略不计。为什么？首先，那些位于费米海海底深处的电子，即使存在库仑相互作用，也几乎不受任何影响，因为电子在实际空间里可以自由运动，但在费米海海底深处却根本无法运动。换句话说，费米海海底的动量状态已经被电子填充满了，根据泡利不相容原理，其他电子不能进入已经填充满的费米海海底。因此，位于费米海海底的电子几乎互不干扰，库仑相互作用的影响只能在靠近费米海海面和离海面较近的地方显现出来。

现在，我们来了解一下费米海海面发生了什么。不妨假设费米海海面上有一个电子，这个电子可以与位于海面以下的其他电子发生库仑相互作用。结果是，位于海面以下的电子获取了动能，并漂浮到了费米海海面，但其动量状态随之消失了。不仅如此，电子漂浮到费米海海面后，在费米海深处就出现了一个空间，而且在费米海外部新生成了一个电子，从而引发激发态。需要指出的是，在费米海深处出现的空间也被称为"空穴"。

费米海深处的空穴和海面的电子像泡沫一样，反复出现和消失。海面的电子和空穴形成了"电子对"，在专业上被称为"电子空穴泡沫"。

电子空穴泡沫就像小铁片被磁铁吸引一样，一直环绕着原来的电子，原来的电子相当于被完全遮住了。这样一来，遥不可及的电子之间似乎变成了彼此不带电荷的中性粒子。结果是，电子和电子之间的库仑相互作用消失了，费米海变得"风平浪静"，而且在有序晶格结构的晶体里，电子真的可以自由运动了。

这对自由电子来说是幸运的，对我们来说也是值得庆幸的。因为费米海趋于稳定这一点，在实际应用中举足轻重。换句话说，因为整个电气和电子学基本上是建立在电子可以在金属和半导体中自由运动这一理论基础上的。

当然，费米海并不总是稳定的，在电子和电子相互作用十分强烈的极端情况下，费米海也会崩溃。就像水会结冰一样，费米海也会结冰，同样，电子也能结冰！这些电子冰被称为"维格纳晶体"。

时间和无序

上一节中，我讲到了固体形成的原理，但大自然中并非只有固体。众所周知，物质可分为固体、液体和气体三种形态，物质在这三个形态之间来回变换，被称为"相变"。通俗地讲，冰融化成水，或者水沸腾变成水蒸气的过程就是相变。

相变是怎么发生的？答案之一是调节温度。乍一看，这个方法十分简单易行。不过，如果不进行深入思考，很难真正搞懂其中的意义，因为温度这一概念十分深奥。

要想从物理学的角度准确地掌握温度的概念，首先需要了解无序度。温度基本上是控制无序度的变量，熵是定量化无序度的概念。因此，要想理解相变是如何发生的，首先应该了解熵。

根据热力学第二定律，熵随着时间的变化而增加。换句话说，时间总是朝着无序度增加的方向流逝。那么，时间和无序之间为什么保持如此奇怪的关系？

第六章

时间：流动论

机械时钟里面隐藏着一个小宇宙。仅从时间的精确度上来说，现在有很多比机械表更为精致的钟表，比如石英表和原子钟等。如今，人们喜欢购买机械表，不仅仅是为了追求时间的精确度，更是因为机械表里的构造越发精美，而且这种精美还是肉眼可见的。当然，机械表的内部构造之所以如此精美，是在力求时间精确度的同时，不断优化内部装置的结果。

精确测量时间的重要性不言而喻，有一个具体的事例可充分说明这个重要性。在大航海时代即将结束，帝国主义时代逐渐昌盛的时期，包括英国在内的欧洲许多国家，为确保航行安全，亟须掌握准确跟踪船舶在海上位置的方法。1714 年，英国颁布了《经度法》（*Longitude Act*），决定设立"经度奖"（Longitude Prize），设置奖金 2 万英镑，准备奖励能够发明精确测量经度的人，当然，这个发明要符合经度委员会（Board of Longitude）制定的标准。

正如之前所探讨的，如果知道了纬度和经度，就可以准确地确定地球表面上任意一个位置。问题是纬度相对容易掌握，确认经度是有一定困难的。例如，对于纬度来说，在白天，可以利用中午太阳的位置来确定。若是在夜晚，可以利用北半球的北极星，南半球的南十字星的位置来加以确定。换句话说，用于地球自转轴是固定的，测量出纬度并不复杂。但是，由于本初子午线，即连接北极和格林尼治天文台的大圆并没有一个明确的标准，因此要想精确定位经度便需要费些周折了。

有趣的是，一旦精确地测量出时间，就能确定经度。这个想法一点儿也不复杂，实际上是利用了地球等速自转，且每小时精确旋转 15 度这一特征。我们来详细地了解一下，假设我们正在乘船，在船上有一个时钟与格林尼治天文台的时刻精确同步，然后正在同步的时钟显示格林尼治天文台的时间是正午，我们所在船的当地时间是上午 9 点，如果太阳到达半空中的时间即为正午时刻，以此为标准，就能确定船所在位置的经度。现在，我们便可以知道船舶所处位置的经度是西经 45 度。这样看来，解决问题的关键，是要制造一个精确的时钟。

制造时钟时，需要一个周期性振动的物体，因为时钟的时间单位取决于振动的周期。那么，既容易获取又能相对精确地振动的物体是什么？答案是钟摆（pendulum）。

先来看看摆钟的工作原理（见图 13），摆钟中有可使指针旋转的能量源，相当于发条。如果发条弹开的速度是恒定的，再把比例恰当的齿轮（gear）直接连接到发条上，指针就可以转动起来了。但是，普通的发条并不像我们想象的那么稳定。因此，必须精确调节齿轮的旋转才能保持恒定的速度，此时钟摆就显得尤为重要了。

具体来讲，在发条驱动下，旋转的齿轮通过一种叫作擒纵轮（escapement）的装置连接钟摆。从物理专业角度来说，擒纵轮的作用是将齿轮的旋转运动和钟摆的周期运动结合起来。为了便于理解，让我们联想一下秋千，钟摆相当于是秋千，发条是荡秋千的人，擒纵轮可以看作秋千与荡秋千的人之间的联系纽带，也就是荡秋千的人的手。与荡秋千的人用手推动秋千相似，旋转的齿轮可以通过擒纵轮对钟摆施加冲量（impulse）驱动钟摆。

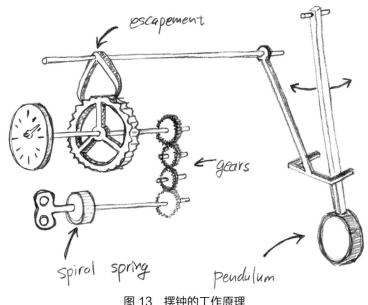

图 13　摆钟的工作原理

擒纵轮的另一个重要作用是，阻止齿轮旋转，待钟摆复位。这跟荡秋千的人静静地等在原地，直到秋千荡回来一样。仔细思考一下，不难弄明白，荡秋千的人的行为受秋千固有频率控制，同理，齿轮的旋转速度受钟摆固有频率控制。时钟上嘀嗒作响的物体便是擒纵轮。总之，正如秋千和荡秋千的人组成了一个系统一样，钟摆和发条也通过擒纵轮组成了一个系统，保证齿轮以恒定的速度旋转。归根结底，想要制作精密的摆钟，钟摆的周期运动必须是恒定的。

不幸的是，在制定《经度法》的那个时代，尚不可能制造出精密的摆钟。因为各种摩擦力，再加上海浪等因素会完全打乱钟摆的周期运动。尽管如此，还是有人坚信能制造出符合要求的精密钟表，这个人正是来自英国约克郡的约翰·哈里森（John Harrison）。在决定挑战经度奖时，哈里森已经用木头和黄铜组成的零件，制造出了每天误差仅 1 秒左右，精确度已经很高的摆钟，令人刮目相看。

为了能制造出在海上使用的精密钟表，1730 年哈里森找到了当时的王室天文学家埃德蒙·哈雷（Edmond Halley）（发现哈雷彗星周期的著名天文学家）寻求帮助。在哈雷的帮助下，哈里森又认识了乔治·格雷厄姆（George Graham），他是当时水平最高的钟表工。在他们的帮助和哈里森自己的刻苦努力下，钟表的精度越来越高，不过，仍然没有令经度委员会满意。

经度委员会中有影响力的天文学家根本瞧不起哈里森，在他们的眼里，哈里森只是一位没有受过良好教育的普通钟表工，从来没有向他提供过任何资金支持。事实上，当时天文学家另有一套首选的确定经度的方法——在天球上测量月球与特定天体之间的距离，然后把数值代入一个包含复杂计算的表格中，用来测定格林尼治天文台的基准时刻。这种方法又被命名为月距法，是在 19 世纪以前，也就是在航海天文钟开始商业化运用之前普遍使用的方法。

1761 年，在经历了 40 年的种种磨难后，哈里森终于造出了一款海上时钟——H4，完全符合经度委员会明确的所有条件。在对此前的 H1、H2 和 H3 型时钟不断完善后，H4 型时钟的大小跟一块怀表相差无几，最重要的是，它利用了摆轮（balance wheel）的周期运动代替了钟摆。但是，虽然哈里森取得了成功，经度委员会却拒绝向他颁发奖金。

值得庆幸的是，英国国王乔治三世召见了哈里森，并承诺亲自验证时钟的精确度。很快，实验在王室里进行，现场验证了哈里森提出的精确度。后来，在詹姆斯·库克（James Cook）的海上试验中也得到了几乎一致的结果，乔治三世主持召开特别财政委员会，向哈里森颁发了奖金。尽管没有从经度委员会那里获得"经度奖"，但哈里森仍然是真正意义上解决了经度问题的第一人，被历史铭记。这个为了精确测量时间而付出一生努力的人，最终实现了梦想。

在经度问题上，时间可以表达经度。换句话说，时间就是位置。姑且不提相对论，在物理学上，时间和空间也是以相似的方式来表达的。然而，如果说时间和空间果真相似，那么，就像物体在空间里前后运动一样，时间也能前后运动吗？当然不能。因为时间只会流向一个方向。那么，

时间的方向性究竟是如何产生的？

原子论

　　像路德维希·玻尔兹曼（Ludwig Boltzmann）那样度过悲剧性一生的物理学家并不多，玻尔兹曼的人生悲剧跟原子论有关。尽管原子论现在已成为一个毋庸置疑的真理，但当玻尔兹曼提出"原子确实存在，而且万物皆由原子组成"的理论时，主流物理学家拒绝接受"原子论"。由于自己的理论主张不被主流物理学界和哲学界所接受，玻尔兹曼患上了严重的抑郁症，最终在 1906 年上吊自杀。

　　当然，原子论并不是玻尔兹曼首次提出的。如果要追溯原子论的起源，最早提出相关理论的应当是古希腊哲学家路希伯斯（Leucippos）和他的弟子德谟克利特（Demokritos）。德谟克利特的原子论大致可以概括为：

　　世界由虚空和存在于其中的原子构成；
　　原子不会消失，也不会在没有任何物质的状态里自然地产生；
　　一切变化只不过是原子的聚和散而已；
　　一切现象都是必然发生的，绝非偶然。

　　今天，德谟克利特的原子论已被世人所熟知，即使从现代物理学的角度来审视，他的观点也毫不逊色。但是，在玻尔兹曼所处的时代，原子仅被认为是一种数学工具，而不是物理实体。当然，如果考虑到肉眼根本无法看到原子，那么能得到这样的结果也是再正常不过的事情了。当时，德谟克利特的原子论被更著名的"数学原子论"——柏拉图的"四元素论"遮住了光芒，几乎被世人遗忘。

根据柏拉图的"四元素论"，原子或元素有四种，这四种元素在数学上相当于一个所谓正多面体的稳定结构。具体来说，火、土、空气、水分别相当于正四面体、正六面体、正八面体和正二十面体。事实上，正多面体共分为五种。除刚才提到的四种，还包括正十二面体，柏拉图认为正十二面体相当于一个空的空间。与德谟克利特的原子论相似的是，柏拉图的"四元素论"中，也提出了世间所有的变化不过是水、火、土、风的聚和散而已。

如果深入研究一下柏拉图的"四元素论"，会发现其中的观点非常现代，令人惊叹，正如前面提到的一样，根据量子力学，原子是在波函数制造稳定驻波的条件下形成的。但自古以来，柏拉图的"四元素论"只被当作一种假设和比喻，而不是对实体的描述。

到了19世纪，大多数物理学家都提出物质是由连续的介质组成的，而根本不是原子这种不连续的粒子。除非有确凿的证据，否则这些物理学家很难接受原子的存在。主流物理学家更愿意相信原子只是一个便捷的数学工具。

相比之下，由于罗伯特·波义耳（Robert Boyle）和约翰·道尔顿（John Dalton）的成果，大多数化学家已经接受了原子的存在，可物理学家仍坚持"证据论"。令人痛惜的是，直到玻尔兹曼因抑郁症自杀，那些所谓的证据才姗姗来迟。

也许是命运的捉弄，原子论在物理学界成为定论，起决定性作用的一篇论文是在玻尔兹曼自杀前一年的1905年才最终完成的。这一年也是物理学史上非常特殊的一年，因为在这一年，"狭义相对论"横空出世，这一理论的问世让爱因斯坦跻身世界级学者行列。除此之外，爱因斯坦还发表了另外两项影响深远的成果，因此，1905 年也被称为"奇迹年"（Annus Mirabilis）。

其他两项成果之一是将光电效应描述为量子化的光的粒子，即光子。具体不做赘述，但需要指出的是，爱因斯坦关于光电效应的理论与 1900 年马克斯·普朗克（Max Planck）提出的黑体辐射（blackbody radiation）理论一起奠定了量子力学的基础（有趣的是，爱因斯坦和普朗克反对量子力学的概率论解释，始终没有接受量子力学）。

第二项成果是将布朗运动（Brownian motion）描述为粒子的动力学，这一成果对原子论在物理学界真正占据一席之地，发挥了决定性的作用。所谓布朗运动，指英国植物学家罗伯特·布朗（Robert Brown）在 1827 年发现，漂浮在水中的花粉微粒在水面上连续运动的现象。当时，包括布朗在内的众多学者相信，花粉所具有的特殊生命力导致布朗现象的发生。但是，爱因斯坦和其他学者推测，因为水分子进行不规则的热运动，这些水分子与花粉微粒发生碰撞，所以才产生了布朗运动。爱因斯坦的成就是把这些研究做成了定量的、系统化的理论，不仅证明了原子论，还开启了统计力学的新篇章。

根据牛顿运动定律描述的经典力学，如果给出粒子的初始位置和速度，就完全可以确定粒子的轨迹。然而，宇宙中始终存在着我们无法控制的无序，无序会扰乱完美的轨迹，并引起不规则的波动。乍一想，不规则的波动似乎会让任何预测落空。但是爱因斯坦关于布朗运动的理论可以用来定量和系统地理解不规则的波动。

针对某个特定的粒子在与其周围的不规则波动的分子发生碰撞时会如何运动，爱因斯坦进行过充分的思考。每次粒子与分子碰撞时，都会出现不同的轨迹，在这种情况下，与其观察单个粒子的特定轨迹，不如观察多个相似粒子的位置符合哪种概率分布（probability distribution）更有意义。

具体来说，让我们把粒子在时间 t、位置 x 上的概率分布称为 $\rho(x,t)$，并且为了方便起见，让我们假设粒子在一维空间中移动。爱因斯坦通过一连串假设，证明 $\rho(x,t)$ 应该满足所谓的"扩散方程"（diffusion equation）。

$$\frac{\partial \rho}{\partial t} = D\frac{\partial^2 \rho}{\partial x^2}$$

这个扩散方程的解是一个简化的形式。

$$\rho(x,t) = \frac{1}{\sqrt{4\pi Dt}}e^{-\frac{x^2}{4Dt}}$$

其中，D 是扩散系数（diffusivity）。后面还要再讲到相关内容，扩散系数是表示粒子因不规则的波动而扩散的距离的物理量。

扩散方程的解叫作高斯（Gaussian），是方便计算的函数形式，通过它，就可以计算出粒子作为时间的函数从原点开始传播的平均距离。具体来说，所谓"方差"（variance）x^2 的平均值设定成：

$$\overline{x^2} = 2Dt$$

换种说法来解释，当 x^2 的平均值平方根后的值称为离原点的平均距离时，正常情况下，粒子从原点传播的距离与时间的平方根成正比。特别是，爱因斯坦提出扩散系数与温度 T 用如下关系式建立关联：

$$D = \mu k_B T$$

其中，μ是迁移率（mobility），k_B是玻尔兹曼常数（Boltzmann constant）。需要指出的是，上述关系式被称为"爱因斯坦关系式"（Einstein relation）。

具体来说，在统计力学中，爱因斯坦关系式可看作涨落耗散关系（fluctuation–dissipation relation）这一常见关系式的特例。根据爱因斯坦关系式，粒子通过不规则的波动传播出去的程度取决于温度。也就是说，扩散系数与温度成正比。需要指出的是，像这种由温度控制的波动叫作"热涨落"（thermal fluctuation）。

1909年，爱因斯坦关系式由法国物理学家让·巴蒂斯特·皮兰（Jean Baptiste Perrin）通过实验得到了证明，而此时距玻尔兹曼自杀仅仅过去了三年。皮兰也因此获得了1926年诺贝尔物理学奖。后来，原子论很快被物理学界所接受。

熵

事实上，玻尔兹曼最具独创性的成就不是原子论，而是从微观上定义了熵。玻尔兹曼通过重新定义熵，从而超越了热力学，开启了统计力学的新世界。

简言之，热力学是一个物理领域，它用几个热力学变量描述由许多粒子组成的系统的微观行为。热力学变量包括诸如压力、体积、粒子数量和温度等。

为了形象直观地理解什么是热力学，让我们来看看理想气体方程（ideal gas equation）。理想气体方程是理想气体状态下满足热力学变量的方程式。

$$PV = Nk_BT$$

公式中的 P、V、N、T 分别代表压力、体积、粒子数量和温度。再强调一遍，k_B 是玻尔兹曼常数。在高中化学课上通常用以下公式来表示，形式虽不同，但表现的内容都是一样的。

$$PV = nRT$$

其中，n 是摩尔数，即粒子数量除以阿伏伽德罗常数（Avogadro's number）N_A 得出的数值。理想气体常数（gas constant）R 是阿伏伽德罗常数和玻尔兹曼常数的乘积。顺便提一下，阿伏伽德罗常数是由阿伏伽德罗首次提出的物理量，最初被定义为一克氢所含氢原子的数量。在 2018 年国际计量大会（General Conference on Weights and Measures）上，阿伏伽德罗常数的具体值被确定为：

$$N_A = 6.02214076 \times 10^{23}$$

根据理想气体方程，对于理想气体而言，不管构成它的实际粒子是什么，通常要满足粒子微观性质的方程。当然，这也是近似方程，因为理想气体从一开始就假设粒子相互作用被完全忽略的情况。但是，如果适当考虑粒子的相互作用，就可以组成一个稍微复杂但相当合规的方程，这个方程叫作范德华方程（Van der Waals equation），约翰尼斯·范·德·瓦耳斯（Johannes van der Waals）因为这一发现而获得了 1910 年诺贝尔物理学奖。

再回到正题上来，统计力学从微观角度理解热力学。例如，统计力学的目标是使用粒子微观动力学来导出理想气体方程。在这里，粒子微观动力学是指受热涨落影响的动力学，就像爱因斯坦关于布朗运动的理论中提到的那样。

现在，要从热力学转到统计力学，最重要的是要将热力学变量转换成微观变量。粒子的数量、体积、压力等在微观上比较容易理解。但是从微观上很难理解温度，因为从根本上说，从微观上理解熵并不容易。那么从微观上来讲，什么是熵呢？

根据之前第三章中的讲述，热量除以温度就是熵。

$$S = \frac{Q}{T}$$

在这里，Q 是指热量。问题是，与温度一样，从微观上也不容易理解热量。一直痴迷于原子论的玻尔兹曼，他想把熵理解成粒子的微观性质，从微观上可定义成如下公式所示的物理量。

$$S = k_B \ln \Omega$$

其中 ln 是自然对数（natural logarithm），而 Ω 表示设定的条件，例如表示在设定的能量值中，可能发生的所有微观状态（microstate）的数量。

什么是对数函数？

对数函数是指数函数的反函数（inverse function）。具体来讲，指数函数表示成：

$$y = e^x$$

从上面的函数不难看出，指数函数是如果给出 x，就可以解出 $y = e^x$。那么这里有一个疑问，假设给出 $y = e^x$，那

么与该值相对应的 x 的函数是什么呢？答案是对数函数。换一种说法就是，在指数函数的定义中，如果互换 x 和 y，就会得到对数函数。

$$x = e^y$$

现在让我们把 ln 这个符号应用到这个公式的两边：

$$\ln x = \ln e^y$$

ln 的作用是把指数中的变量降下来。

$$\ln e^y = y$$

因此，我们可以得到如下结论：

$$y = \ln x$$

最后，如果充分利用这个定义，那么就能导出对数函数中最重要的属性。

$$\ln x_1 x_2 = \ln x_1 + \ln x_2$$

如上面的公式所示，两个数的对数函数乘积等于两个数的对数函数之和。

为什么需要用对数函数来定义熵呢？熵与微观状态的数量有关，但是熵不能直接与微观状态的数量成正比。因为微观状态的数量随着系统的大小，例如随着组成系统的粒子数量的增加而呈几何级数递增，也就是呈指数函数级递增。另外，熵是与系统的大小成正比的物理量。那么，如何使某些在指数函数上取决于系统大小的量与系统的大小成正比呢？答案是采用对数函数。

此时，应该区分微观状态和宏观状态（macrostate）。所谓微观状态是指在整体能量等宏观物理量固定的情况下，个别粒子可获得各自所有的状态。而宏观状态则是这些微观状态的集合。现在，已经充分具备了不用公式而是使用一般性语言就可以描述玻尔兹曼提出的熵了。具体来说是：

熵是相对应的某种宏观状态下可能发生的
所有微观状态的数量适用自然对数的物理量。

但是玻尔兹曼的熵是否和热力学的熵完全一样呢？跟我预想的一样，两者是一致的。

那么现在我们可以通过玻尔兹曼的熵来回答前面的问题了。时间的方向性源于热力学第二定律。根据热力学第二定律，熵随时间变化而增加，而熵之所以随时间变化而增加，是因为除非有特殊限制，否则所有微观状态都以相同的概率出现。

为了获得更直观的理解，让我们再回想一下由布朗运动引起的扩散。最初从原点出发的粒子与不规则振动的分子发生碰撞，开始慢慢传播。假设有多个这样的粒子，除非有特殊限制，否则粒子最终会在整个空间均匀传播。换句话说，某个粒子分布在特定位置上的概率与分布到其他位置上的概率是相同的。如果将某个粒子在特定位置的情况称为一种微观状态，那么所有微观状态都是以相同概率出现的。也就是说，热波动对微观状态下的粒子一视同仁。

比如，假设由于某种限制条件，起初可能只会产生一部分微观状态。但是，当这些限制条件消失之后，随着时间的流逝，就会产生越来越多的微观状态。如果探讨再深入一些，让我们想象一个在布朗运动引起的扩散中，粒子一开始就被关进了小盒子里的情景。这时，在打开盒子的那一刻，粒子会从盒子里跑出来，慢慢扩散到所有空间。熵是随时间变化而递增的。需要指出的是，熵持续增加，当其达到最大值的状态称为"热平衡"（thermal equilibrium）。

> 熵是测量无序度的量，
>
> 说到熵会增加，
>
> 意味着将渐渐进入无序的状态。

从某种意义上说，这是一个非常虚无缥缈的结论。因为如果说所有微观状态都是以相同概率随机发生的话，那么我们最终不会得到任何信息。但事实恰恰相反。

信息

信息与无序密切相关。然而，准确地说是不是应该和秩序有关，而不是无序？不，非常有意思的是，信息与无序的关系非同一般。有一位名叫克劳德·香农（Claude Shannon）的数学家洞察到了这一点，并建立了处理信息的系统的数学理论，并因此被誉为信息论（information theory）的创始人。1948 年，香农在美国贝尔研究所发表了一篇具有里程碑意义的论文《关于通信的数学理论》（A Mathematical Theory of Communication）。

当时，香农想准确定义通信中伴随的信息量。具体情况是，当使用电话线传递某种信息时，包含的信息量是什么呢？进一步来讲，对于不依赖诸如电话等某些特定通信手段来说，普适性的信息量该如何定义呢？

事实上，香农之所以抛出这两个问题，尽管听起来像哲学上的问题，但恰恰是他考虑到了实际应用中这两个问题可能会被广泛涉及。首先，根据传递的信息量按比例收取通信费用是合情合理的。因此，为了适当收费，必须准确界定信息量。

香农的问题对于通信质量方面也非常重要。如果想要传递的信息量大于通信手段，比如超过了电话线允许的容量，通信将不能正常进行。相反，如果将信息压缩的话，即使只有少量的电话线，也能传递相同内容的信息。因此，香农的问题中也揭示了信息压缩技术的关键问题。

那么，信息究竟是什么呢？在这里，我们先换一种思路进行探讨，例如某人想要发送一个句子，为了方便起见，这里以英文句子为例，句子可按顺序传输 A、B、C、D 等字母来组成。

假设有爱丽丝和鲍勃两个人，爱丽丝想寄一封普通英文信件。另外，鲍勃出于好玩，用字母随机生成句子传输出去。爱丽丝和鲍勃两人中谁的传输中包含更多的信息呢？从直觉上讲，当然是爱丽丝的信件似乎有更多的信息。但从传送信息的角度来分析，应该是鲍勃的传输中会包含更多的信息。

为什么会得出这样的结论呢？因为爱丽丝信件中的英文句子包含不必要的冗余。具体来说，在普通的英语句子中，字母"Q"之后几乎一定会出现"U"。此外，如果连续出现"T"和"H"，即"TH"字母组合一起出现的情况下，其后出现字母"E"的概率非常大。再举个例子，我们完全可以理解下面一个不完整的句子的含义：

If u cn rd ths，u'd knw.

（If you can read this，you would know.）

按照香农的分析，一般情况下，英语句子中含有 75% 不必要的冗余。换句话说，爱丽丝的信件可在不影响内容的前提下，适当地进行压缩。相反，在鲍勃随机产生的字母组合中，每个字母出现的概率都是相同的，没有任何冗余。在随机生成的所谓英文句子中，我们完全无法预测读到哪一个字母，下一个会出现哪个字母。这相当于说，我们绝不能随意压缩鲍勃的句子，必须完整地传输出去。从这个意义上讲，鲍勃的文章要比爱丽丝的信件包含更多的信息。总之：

信息量是无序度。

但是，无序度是熵。因此，这等于说信息量是熵，亦叫作"信息熵"（information entropy）。乍一听，信息量是无序度似乎有悖于我们的直觉认知。究竟如何理解这一点呢？

先冷静地进行一下思考，因为真正的信息会带给人们惊喜。比如，明天太阳会从东方升起的预测中几乎不包含任何信息，因为这种可能性非常高。而关于下周彩票中奖号码是什么的预测却包含着巨大的信息，因为能中奖的概率很低。

另外，无序意指没有秩序，因此也很难预测，这也意味着将会带给大家诸多惊喜。因此，随着无序度的增加，令人惊喜的事情也发生得更多。总之，无序度是惊喜的程度，等同于信息量。

那么，该如何具体描述信息熵呢？关于这个问题的线索存在于玻尔兹曼熵中。具体来说，是各种可能的事件中的一个事件，假设发生第 n 个事件的概率是 P_n。在这种情况下，信息熵可以描述成：

$$s = \sum_n P_n \ln\left(\frac{1}{P_n}\right)$$

在这里，信息熵 s 被表述成将概率的倒数作为变量的对数函数，而这要归功于玻尔兹曼熵。为什么这样说呢？

如果说所有事件都以相同的概率发生，那么事件的概率等于是可能发生事件总件数的倒数。

$$P_n = \frac{1}{\Omega}$$

Ω 代表可发生事件的总件数，这与统计物理中所有可能发生的微观状态的数量相似。现在，在信息熵公式中，所有事件的总和因对数 log 前面的概率被抵消了。

$$s = \sum_{n=1}^{\Omega} P_n \ln \Omega = \ln \Omega$$

毕竟，除去在最前面的玻尔兹曼常数外，信息熵与玻尔兹曼熵完全一样。事实上，信息熵与玻尔兹曼常数相加的熵公式，在香农之前就由一位名叫约西亚·威拉德·吉布斯（Josiah Willard

Gibbs）的统计物理学家提出来了。

$$S = -k_B \sum_n P_n \ln P_n$$

这个公式使用对数函数的性质，且在最前面加上负号。

现在让我们来梳理总结一下，宇宙随着时间的变化向熵增的方向发展。熵增就是无序度增加，而无序度增加，意味着信息量增加。因此，

随着时间的变化，宇宙中信息量将逐渐增加。

仔细想想，这意味着与拉普拉斯所想象的有些不同，即宇宙的命运不是完全由因果关系决定。因为如果无序度增加，宇宙的命运不会如人们预测的那样发展，并且需要更多的信息才能了解宇宙中发生的光怪陆离的现象。那么熵最大化的宇宙终究会变成什么样子呢？

正则系综

熵随时间变化而增加。一旦熵毫无限制地增加，最终实现最大化，意味着所有的微观状态都会以同样的概率发生。但限制一定会存在，因为能量是守恒的。

具体来说，当熵增加时，高能量状态就会失去能量，变成低能量状态。例如，热水会慢慢冷却，变成冷水。热水的能量扩散到空气中。然而，在这种情况下，包括水和空气在内的整个系统

的能量，都按照能量守恒定律固定下来了。

这相当于是说，熵并不是无条件增加的，而是在整体能量守恒的条件下增加的。那么，如何同时既满足于能量守恒，又满足于熵最大化的条件呢？

数学上，在任何条件下最优化函数的方法被称为"拉格朗日乘数法"（Lagrange multiplier method）。具体来讲，比如在满足某种条件 $g(x)=0$ 的情况下，我们希望找到设定函数 $f(x)$ 中最优化的 x。此时，用拉格朗日乘数法最优化以下新函数即可。

$$F(x, \lambda) = f(x) + \lambda g(x)$$

在这里，λ 是拉格朗日乘数。具体来讲，找到最优化 $F(x, \lambda)$ 的 x 和 λ 的条件如下：

$$\frac{\partial}{\partial x}F(x, \lambda) = \frac{\partial}{\partial \lambda}F(x, \lambda) = 0$$

使用拉格朗日乘数法，在整体能量恒定的情况下，使熵达到最大化的条件是：

$$F = s - \alpha\left(\sum_n P_n - 1\right) - \beta\left(\sum_n P_n \epsilon_n - E\right)$$

在这里，我们希望通过调整称为 P_n 的多个概率变量，也就是概率分布以及 α 和 β 这两个拉格朗日乘数来最优化 F。

首先，由 α 调整的第一个条件是概率之和等于 1。其次，由 β 调整的第二个条件是能量守恒定律。也就是说，当 P_n 和 ϵ_n 分别产生第 n 次微观状态的概率和其能量时，$\Sigma_n P_n \epsilon_n$ 等于系统具有的全部能量 E。

现在，对于 P_n，也就是发生第 n 次微观状态的概率，F 被最优化的条件如下：

$$\frac{\partial F}{\partial P_n} = -\ln P_n - 1 - \alpha - \beta \epsilon_n = 0$$

总之，最优化 F 的概率分布用以下公式表示：

$$P_n = e^{-1-\alpha} e^{-\beta \epsilon_n}$$

在这个公式中，α 让这个公式看起来多少有点复杂。但事实上，拉格朗日乘数 α 只不过是为了让概率之和等于 1 的条件而引入的变量。因此，这个公式可以重新写成：

$$P_n = \frac{1}{Z} e^{-\beta \epsilon_n}$$

其中，配分函数（partition function）Z 被定义成：

$$Z = \sum_n e^{-\beta \epsilon_n}$$

现在不言而喻，概率之和等于 1。

$$\sum_n P_n = \frac{1}{Z} \sum_n e^{-\beta \epsilon_n} = 1$$

上述公式看起来似乎没有什么特别的，不过配分函数的确是统计力学中非常重要的函数，以后我们再来探讨关于配分函数的一些灵活运用吧，现在先让我们看看 β 是什么。从结论上看，β 是温度的倒数。

$$\beta = \frac{1}{k_B T}$$

在这里，k_B 是玻尔兹曼常数，T 是温度。在这个阶段，还无法详细说明 β 为什么被设定为温度的倒数。不过，这个结论是通过与实验结果的对比得出来的。说 β 是温度的倒数表示出了温度的物理意义。因为在能量守恒的状态下，最大化熵等于量的最小化。

$$A = E - TS$$

这里 A 代指一种能量，专门称为"亥姆霍兹自由能"（Helmholtz free energy）。现在，温度的物理意义已经显现出来，它是调节能量 E 和熵 S 之间的平衡的变量。此外，如果记得拉格朗日乘数 β 是满足能量守恒定律的变量，那么用整体能量和温度可以建立起如下的关系式：

$$E = \frac{1}{Z} \sum_n \epsilon_n e^{-\epsilon_n / k_B T}$$

在这里，用温度的函数来表示整体能量，或者把温度具体表示为整体能量的函数，并不是一件相对轻松的事情。不过，从指数函数的性质出发，不难看出，温度升高会使整体能量增加，温度下降整体能量就会下降。

总之，在整体能量守恒的条件下，当熵最大化时，具有不同能量的微观状态将按照如下所示的概率分布产生：

$$P_n = \frac{1}{Z} e^{-\epsilon_n / k_B T}$$

其中，$e^{-\epsilon_n / k_B T}$ 是玻尔兹曼因子（Boltzmann Factor），这样用玻尔兹曼因子求出的概率分布被称为"玻尔兹曼分布"（Boltzmann distribution）。（顺便说一句，根据玻尔兹曼分布，拥有相同能量的微观状态会以同样的概率产生。）

正如之前所讲到的，一般来说，所有系统的微观状态都是根据玻尔兹曼分布概率发生的。为了强调这一点，玻尔兹曼分布本身自带有"正确的分布"的意思，所以也被称为"正则系综"（canonical ensemble）。

讲到这里，暂停一下吧。先想想到此为止，都发生了些什么？微观状态产生的概率只由它的能量决定，跟它具有的初始条件毫无关联（顺便提醒一下，温度也与整体能量有关）。

根据我们从经典力学及量子力学中所学到的，对于固定系统的动力学，一旦赋予初始条件，就完全由因果关系决定。而不同的初始条件会引发不同经典力学轨道或量子力学状态。但是，根据热力学第二定律，系统使熵最大化，最终接近最无序的状态。特别是，在能量守恒的情况下，如果熵最大化，微观状态发生的概率由正则系综决定。而根据正则系综，除了按照能量守恒定律守恒的能量外，对于微观状态所拥有的初始条件的所有信息都将完全丢失。这又是为什么呢？

混沌和量子力学

玻尔兹曼和继承他衣钵的统计物理学家希望从牛顿运动定律中引出正则系综，而这一努力自然而然地变成了各态历经假说（ergodic hypothesis）。

所谓各态历经假说，是指在能量守恒定律允许的任何初始条件下，经历足够的时间，任意粒子的轨迹产生的状态无一例外地都会消失的理论。如果各态历经假说正确的话，意味着正则系综是成立的。

乍一看，各态历经假说似乎跟牛顿运动定律并不是势不两立的关系，反驳各态历经假说最简单的例子，自然会想到的是地球围绕太阳公转的经典力学问题。如果准确地解答这个问题，那么答案就能表现出完美的周期运动。在这种情况下，地球不会在能量允许的范围内随机地闯入太阳周围的所有空间，而只能以精确的周期在既定的轨道上运动。在经典力学课上学习的、干脆利落地解答出的问题同样展现出完美的周期运动，不适用于各态历经假说。

若想找到适用于各态历经假说的例子，看来应该找一些复杂棘手的问题。实际上，只要稍微开阔一下视野，就很容易找到这些例子，比如三体问题。

太阳系并非仅仅由地球和太阳组成。太阳系是水星、金星和火星等行星，以及包括月球等卫星在内的数个天体组成的相互影响的系统。太阳系无疑是适合讨论多体问题的最佳对象。

幸运的是，各种天体彼此相距遥远，而且与太阳相比质量都非常小，个别天体的动力学大多可以近似地理解成太阳及其天体之间的二体问题。与此相类似的是，卫星的动力学也可以看成近似是卫星所属的天体和个别卫星之间的二体问题。

可以把太阳系问题近似理解成这样几个阶段的二体问题，这一点对人类来说是很大的幸运，因为如果太阳和天体的质量彼此相近的话，我们也许不会发现牛顿万有引力，在缺少了牛顿万有引力的情况下，即使给出了牛顿运动方程式，也很难解出答案。

实际上，需要讨论的并不是单纯用简练的数学公式是否可以求出多体问题答案，因为多体问题的答案超乎想象的复杂，而且结果十分怪诞。多体问题的复杂性跟天体数量要求非常多毫无关系，仅由三个天体组成的三体问题中就已出现了所谓"混沌"的混乱现象。

19 世纪 80 年代，法国数学家、物理学家亨利·庞加莱（Henri Poincare）发现，在三体问题的解答中，有一个解答既不发散，也根本不具有周期性。这个答案告诉我们一开始看起来是非常规律的，但经过一段时间后，在能量允许的范围内，三个天体没有任何模式地，即随机地经过宇宙空间。没错，这是当各态历经假说成立时发生的现象。

混沌最重要的特征是对初始条件的敏感性。换句话说，在规定初始条件的过程中，可能产生的非常细微的错误会随时间变化被极度放大，结果完全不可能预测出最终的轨道。需要指出的是，这种因错误放大导致无法预测所耗费的时间，被称为"李雅普诺夫时间"。

根据描述大气对流运动的洛伦兹方程，天气现象每隔几天就会陷入混乱，这实际上是说，仅就天气状况而言，李雅普诺夫时间只有短短的几天，这就是为什么提前一周预测天气没有太多实际参考价值。众所周知，这种特征亦被称作"蝴蝶效应"。

所谓"蝴蝶效应"出自美国气象学家爱德华·洛伦兹（Edward Lorenz），1972 年他在第 139 届美国科学促进会上发表演讲的题目正是《蝴蝶效应》，也正是他之前提出了洛伦兹方程。

"一只蝴蝶在巴西扇动翅膀，会在美国的得克萨斯州引起一场龙卷风吗？"

让我们感到庆幸的是，对于太阳系而言，李雅普诺夫时间约为数百万年。因此，在不远的日子里，太阳系若要偏离我们的预测而行动的概率极低。

因此，原则上，我们可以通过基于混沌理论的各态历经假说，将正则系综从牛顿运动方程中引出来。

即使说混沌对初始条件敏感，但粒子的轨迹仍然完全由初始条件决定。换句话说，如果能够无限精确地找出初始条件，原则上宇宙的命运将完全由因果关系决定。但是在目前阶段，如果我们一起从量子力学的角度去思考，将会发现更多的奥妙。

图 14　蝴蝶、洛伦兹方程和龙卷风

根据量子力学，不能同时准确掌握粒子的位置和速度，这便是沃纳·海森堡（Werner Heisenberg）的不确定性原理（uncertainty principle）。

$$\Delta x \cdot \Delta p \geqslant \hbar/2$$

其中，Δx 和 Δp 分别代表粒子的位置和动量的不准确度。换句话说，海森堡的不确定性原理告诉我们，无论我们试图如何准确地规定有关位置和速度的初始条件，我们所能达到的准确度都是有局限的。这个局限不是实验设备的限制，而是我们宇宙的根本限制所在。

海森堡的不确定性原理建立在波函数的根本属性上。为了理解这个事实，以一位具有绝对音感的钢琴家为例吧，绝对音感是指当听到设定好的旋律时，一下子能猜中旋律中包含的振动频率，即把握音高的能力（需要指出的是，这些能力意味着你可以在头脑中直观地做傅里叶变换）。这位钢琴家很容易猜出长时间演奏且相对单调的旋律音高，因为这种旋律只由一个振动频率完成。相反，对于这位钢琴家来说，比较难猜的旋律是在短时间内演奏完一小段即结束的旋律，因为这首旋律中夹杂着无数的音符。也就是说，旋律的演奏时间长度与旋律音高的多样性 $\Delta\omega$ 成反比。换句话说，时间的长度与音高的多样性相乘，得出一个常量，严格来说，这个常量会大于等于 1/2。用公式表示如下：

$$\Delta t \cdot \Delta\omega \geqslant 1/2$$

接下来，如果将 Δt、$\Delta\omega$ 对应替换成波动所占空间的长度 Δx、波动中包含频率的多样性 Δk，则得出以下结论：

$$\Delta x \cdot \Delta k \geqslant 1/2$$

特别是，如果说是量子力学波函数的话，波动的频率与动量是成正比的，即 $p=\hbar k$。利用这个公式，就可以导出海森堡的不确定性原理。

综上所述，海森堡的不确定性原理告诉我们，在比任一准确度极限更狭小的空间里，粒子也会像波一样振动，这就是所谓的量子涨落（quantum fluctuation）。量子涨落可以在很小的尺度上从根本上完全打乱初始条件。

总之，混沌和量子力学结合后，关于初始条件的信息将会完全流失，而且可以获得正则系综。[顺便提醒一句，现在物理学家正在研究如何纯粹地利用量子力学来引导出正则系综，这种研究方法将混沌原理排除在外，这些方法的其中之一便是本征态热化假设（Eigenstate Thermalization Hypothesis，ETH）]

好了，现在我们明白了宇宙为什么达到正则系综。但不幸的是，正则系综对我们来说无异于一场灾难。

给钟表上发条

机械时钟里隐藏着一个小宇宙，精心制作的弹簧和齿轮精确地配合着运转，组成了一个完美的宇宙，看到这样的机械时钟便会令人感到赏心悦目。但机械时钟里的宇宙跟基于人类思考的、由完整的物理定律定义的宇宙形态不可同日而语。

最后，所有的机械时钟都停止了。不仅仅是机械时钟，这个世界上的一切最终可用的能量都消耗殆尽了，即熵最大化，达到了热平衡。时间的方向指向熵最大化，这是宇宙无法逃避的命运。

破镜难圆，覆水难收。活泼年轻的宇宙会慢慢变老，我们也注定要走向死亡。像这样熵最大化，宇宙上的万物皆会终结的结局被称为"热寂"（heat death of the universe）。换一种说法来表述的话，正则系综意味着死亡来临。

但即使死亡了，人类也不会消失得无影无踪。玻璃瓶要碎，首先要有玻璃瓶。水要泼出去，必须先把水装进碗里。换句话说，即使是局部的，首先也必须存在具有低熵的状态。不过，从另一个层面而言，为了让具有低熵的状态存在，在某一瞬间，系统的初始条件将被局部重置。这怎么可能呢？

这要归因于突生，即兴起（emergence）。以机械时钟为例来解释吧，在某一时刻，要给时钟拧紧发条，这相当于朝着降低熵的方向重置初始条件，毋庸置疑，这就是突生。但是这里有一个很重要的事实，就是上发条并不存在于时钟外部，而是存在于时钟本身。

第七章

存在：突生论

著名科幻小说家菲利普·K.迪克（Philip K.Dick）的小说《仿真机器人会梦见电子羊吗？》（*Do Androids Dream of Electric Sheep?*）于 1982 年被改编成了科幻电影，这部电影名为《银翼杀手》，由雷德利·斯科特（Ridley Scott）执导。

　　电影以 2019 年的洛杉矶为背景，围绕着人类借助发达的遗传技术制造"复制人"（replicant），即仿真机器人（android）的情节展开。复制人拥有比人类更出色的身体机能，被安排参加如建造太空殖民地或战斗等极限任务。主人公里克·戴克是一名刑警，他的任务是追踪犯罪的复制人，让他们"退休（杀死他们）"。

　　电影一开始，戴克就接到任务，要找到偷偷潜入地球的莱昂、乔拉、弗里斯和罗伊四名复制人，并将他们全部杀掉。复制人潜入地球的目的，是要找到泰瑞尔公司的会长埃尔登·泰瑞尔，试图延长自己的寿命。泰瑞尔是一家专门生产复制人的企业。

复制人必须迅速采取行动，因为他们生来就是健壮的成年人，而且，出于社会和技术等原因，他们的寿命最长也就四年。所有的复制人都会在身体状况达到巅峰的时刻突然死去。

罗伊等四名复制人相信，泰瑞尔会长一定知道如何延长他们的寿命，因此打算亲自行动，刺探这个消息。在潜入地球后，莱昂被一个叫霍尔登的警察，即"银翼杀手"抓捕。由于复制人和现实中的人类非常相似，难以凭肉眼区分，于是，"银翼杀手"通过一种叫作"沃伊特－坎普夫测试"的心理检测来甄别嫌疑人是否是复制人。

这种心理检测可以用来测试被检测者对其他生命体所遭受痛苦的感知度。比如，让复制人亲口描述动物受虐的情景，并观察他们的情绪变化。颇具讽刺意味的是，大多数人类对这样的情景没什么反应，相反，复制人则会在情绪上表现得非常不稳定。在接受心理测试期间，复制人莱昂突然情绪激动，杀死了警察霍尔登，同时也暴露了四名复制人的行踪。

"银翼杀手"戴克奉命与泰瑞尔会长会面。两人见面后，泰瑞尔会长安排对自己的秘书瑞秋进行心理检测，想验证一下会不会误将人类鉴别成了复制人。

经过漫长的测试过程，戴克证实了瑞秋是复制人，而瑞秋却始终坚信自己是现实中的人类。泰瑞尔会长也证实了瑞秋的确是一名复制人，并且强调说她是最新款的复制人，为了消除复制人情感的不稳定性，在制造过程中还伪造并植入了瑞秋对儿时的记忆。

当天晚上，毫不知情的瑞秋凭直觉感到有些蹊跷，为了确认自己的身份，她带着小时候的全家福照片来到了戴克家。瑞秋清楚地记得拍摄这些照片的时间和地点，声称这足以证明自己确实是人类，但戴克提醒她，这些记忆全都是植入的。

瑞秋泪流满面地离开了，这使戴克意识到，复制人异常痴迷于照片。得到线索的戴克在复制人莱昂的公寓果然也找到了照片，并发现了其同伙乔拉的踪迹，最终找到了乔拉，费了一番周折后终于将其"退休"。

戴克的上司来到现场善后，他告诉戴克"瑞秋没有上班"，并命令戴克要做好让瑞秋"退休"的准备。就在此时，戴克在人群中发现了瑞秋，于是开始追捕她。突然，戴克遭到了来自莱昂的攻击，当时躲在远处的莱昂看到了同伙乔拉被杀死的情景，感到非常愤怒。他将戴克逼入绝境，在千钧一发之际，瑞秋拿着戴克的手枪朝莱昂扣动了扳机。莱昂毙命后，回到公寓的戴克向瑞秋保证不会让她"退休"，两人度过了一夜的亲密时光。

与此同时，罗伊和弗里斯找到了泰瑞尔会长身边最有才华的遗传工程设计师 J. F. 塞巴斯汀，试图说服他帮助延长寿命。患有早衰症，即将英年早逝的塞巴斯汀，对仅拥有四年寿命的复制人产生了同情，与罗伊一起去找泰瑞尔会长。会长却告诉罗伊，延长复制人寿命从理论上讲是不可能的。看到这位会长只顾称赞复制人的能力，却对复制人短寿毫无同情，罗伊彻底被激怒，他残忍地杀害了泰瑞尔会长。

镜头转向戴克，他潜入塞巴斯汀家里，遭到弗里斯的攻击，经过激烈的打斗，戴克杀死了弗里斯，保住了自己的性命。但是，罗伊很快赶来，看到已经死去的弗里斯，罗伊开始追杀戴克。曾是追捕者的"银翼杀手"和曾是逃亡者的复制人之间开始上演最后的决斗。就在这个时候，复制人罗伊的身体即将逼近四年寿命的尽头，身体开始变得僵硬，即使这样，赤手空拳的人类也不是复制人的对手，戴克只好一直逃命，最后，他们来到了一处建筑物的楼顶。现在，戴克活下去的唯一办法就是跳到对面建筑物的屋顶上，然后继续逃跑。

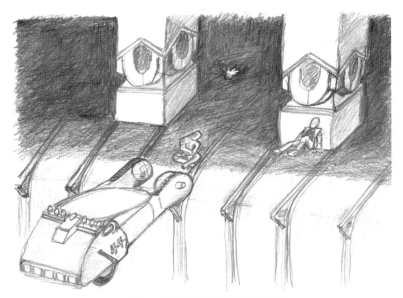

图 15 电影《银翼杀手》的片尾

戴克用力一跳，勉强抓住了对面建筑物屋顶的凸起部分。此时，罗伊拖着僵硬的身体跨到了这边的楼顶，他看到戴克悬在空中，手渐渐地在打滑。

然而，当戴克的手即将滑落，就要从楼顶坠下的那一刻，罗伊一把抓住了戴克。在生命垂危的最后关头，罗伊下决心拯救戴克。最后，罗伊死了，留下了这样一段话：

"我曾见过人类无法想象的美。我曾见太空战舰在猎户星座旁熊熊燃烧，注视 c 射线在天国之门的黑暗里闪耀，而所有过往都将随着时间消失，如同泪水消失在雨中一样……死亡的时刻，到了。"

我之所以着重地谈论关于《银翼杀手》的相关情节，是因为我想引出罗伊在生命最后时刻的独白，了解其中传达的信息。我认为，罗伊的独白正是下面这个问题的答案。

"人类的存在到底是什么？"

我们分析一下，关于这个问题，《银翼杀手》会给出什么样的答案。复制人痴迷于照片，瑞秋虽然不是现实中的人类，但却钟情于很久以前的全家福。不，确切地说，是热爱照片所包含的记忆。记忆之所以重要，是因为记忆是变化的记录，而复制人需要记录变化才能获得人性。

让我们从更宏观的角度来解释这个结论。人类的存在是不断变化的，而变化就是成熟。成熟就是通过做以前没做过的事情来重塑自己，比如，罗伊让戴克活了下来。

令人感慨的是，这个精彩的解释早就出自一位哲学家之口。1927 年，曾荣获诺贝尔文学奖的法国思想家亨利·伯格森（Henri Bergson）在他的代表作《创造进化论》（*Creative Evolution*）中写道：

"存在就是变化，变化就是成熟，成熟就是无限的自我创造。"

也就是说，存在不是停留在一种状态，而是不断地更新自我，存在是创造性地进化。换句话说，存在只有在进化时才能持续。从这个角度看，真正的时间流逝是持续的。

那么，问题来了。人工创造的人造人，比如《银翼杀手》中的复制人，能作为创造性进化的生命存在吗？总之，人工生命可能会存在吗？

人工生命

要想知道是否存在人工生命，首先要了解什么是人工生命。而要想了解什么是人工生命，先要弄清楚生命是什么。接下来，我们先来回顾一个关于生命特征的著名趣闻吧。

有一天，法国著名哲学家、数学家和物理学家勒内·笛卡尔（René Descartes）在与瑞典王妃克里斯蒂娜（Queen Christina of Sweden）会面时提出："人体与机器无异。"听到这位哲学家的话，聪慧的克里斯蒂娜王妃立刻指出了关于生命最重要的特征，她说："那么，你先证明一下那个时钟可以生育自己的孩子吧！"

这则趣闻告诉我们，所谓的生命，就是可以创造与自我相似个体的存在。换句话说，生命最核心的特征是自我复制。

有人把人工生命定义为自我复制的机器，并一直在努力地探寻这种可行性。约翰·冯·诺依曼（John von Neumann），被誉为20世纪最优秀的数学家和计算机科学家，他认为自我复制能力是人工生命，甚至是生命本身最重要的特性，因为如果某个个体具备自我复制能力，进化也就成为可能。但是，并非所有复制过程都是完美无缺的，因此，在自我复制的过程中，有时难免也会发生或大或小的失误，从而导致突变。所谓进化，其实是适应环境变化而产生突变的个体生存下来的过程。

那么，机器的自我复制需要什么条件？冯·诺依曼推测，从逻辑上讲主要需要三种设备：第一种设备是制造机器所需的设计图或蓝图，该设计图可以存储在类似于磁带的存储设备中；第二种设备是通用构造器，即一种以设计图为基础，实际制造复制用机器的设备；第三种设备是通用复印机，用于复制设计图，并存入新复制而成的机器的空闲存储器中。按照冯·诺依曼的想象，由这三种设备组成的机器仿佛是在一个由完成复制所需的各种零部件组成的"湖"上游泳，机器可以在这个"湖"里无限地复制自我。

提到同磁带一样，可以存储机器设计图的设备，感觉似乎在哪里听说过？没错，正是脱氧核糖核酸（deoxyribonucleic acid），也就是 DNA。DNA 就像一个带双螺旋结构的磁带，用于储存生命的设计图。

当然了，我们不知道冯·诺依曼的这些构想是否来源于DNA，不过，令人惊讶的是，冯·诺依曼的构想领先于 DNA 结构的发现。事实是，1949 年，冯·诺伊曼曾在美国伊利诺伊大学举行的讲座上公开阐述了这些构想。而 DNA 具有双螺旋结构这一结论是詹姆斯·沃森（James Watson）和弗朗西斯·克里克（Francis Crick）在 1953 年才首次发现的。需要强调的是，尽管当时还未搞清楚 DNA 结构是不是双螺旋结构，但关于 DNA 支配基因的假设早在 20 世纪 40 年代后期就已成为学术界的定论。

冯·诺依曼的构想无疑是推动计算机科学进步的一个非常重要的发现。冯·诺依曼区分了机器执行的任务（这里的任务是指机器自我复制）和执行这些任务的机器。换句话说，冯·诺伊曼在概念上将机器执行的程序和机器本身区分开来。

在冯·诺依曼之前，计算机由固定电路组成，因此只能执行一项任务。而目前我们应用的计算机只要修改程序，就可以完成不同的工作。冯·诺依曼发明了这种通用计算机的结构，专家把它称为"冯·诺依曼结构"（von Neumann architecture）。实际上，冯·诺依曼的这个构想是建立在艾伦·图灵（Alan Turing）关于计算机构想的基础上的。

图灵机

图灵之所以被称为"现代计算机科学之父"，原因就在于他提出了图灵机（Turing machine）的概念。令人惊奇的是，图灵机的发明与 20 世纪初出现的关于数学的基本问题息息相关。

1900 年前后，数学家在集合论中发现了不少自相矛盾的表述。为了解决这些矛盾，当时最著名的数学家大卫·希尔伯特（David Hilbert）认为，数学应该建立在完全没有矛盾的体系之上，许多数学家一致同意希尔伯特的意见，数学家的做法对完善数学体系产生了深远的影响，这些做法也被称为"希尔伯特计划"（Hilbert's program）。简单来讲，希尔伯特计划的目标如下：

* 完备性（completeness）：所有真正的数学命题都可以得到

证明。

* 相容性（consistency）：真正被证明过的任何数学命题彼此
   不相矛盾。

* 可判定性（decidability）：有一种方法能决定任何数学命题
   的真伪，即运算法则。

从结果来看，"希尔伯特计划"最终失败了。首先，完备
性和相容性被库尔特·哥德尔（Kurt Gödel）的不完全性定理
（incompleteness theorem）否定了。具体来说，哥德尔的不完全性
定理分为第一定理和第二定理。根据哥德尔第一不完全性定理，
如果有一个数学体系是没有矛盾的，那么该系统中至少存在一个
真实但无法证明的数学命题。因此，数学的完备性就不存在了。
根据哥德尔的第二不完全性定理，如果有一个数学体系是没有矛
盾的，就不能在该体系内证明矛盾是不能被导出的，这说明相容
性也被否定了。

图灵则否定了可判定性，他想象出了一个能够计算的机器，
即计算机。更准确地说，图灵是设想了一个描述计算机的数学模
型，即图灵机，它由四部分装置组成。

1. **磁带** 分成一定大小的存储单元，每个存储单元都记录有
数字。磁带上的一系列数字，即数列是图灵机要执行的任务中所
输入的必要信息。

2. **磁头** 读取磁带上设定的存储单元中记录的数字。磁头可
以在磁带上左右移动。

3. **状态记存器** 记录图灵机的当前状态。图灵机可具有 A、B、C 等多种状态。一旦状态显示为"停止"，图灵机将停止工作。

4. **指令表** 是当图灵机处于某种状态时，若读取了特定数字，所应采取行动的指南。例如，假设当前状态为 A，如果读取了数字"1"，数字会变为"2"，磁头会向右移动。或者，假设状态是B，如果读取了数字"2"，数字会变为"3"，磁头停止。可以把指令表看作图灵机的驱动程序。

这里描述的图灵机只能按照设定好的指令表执行单一任务，但是，我们想要一个能执行任意计划任务的通用机。图灵告诉我们，这种机器在理论上是可行的，于是，通用图灵机（universal turing machine）应运而生。

通用图灵机可以模仿任意不同的图灵机，且操作方法很简单。为了方便起见，我们把通用图灵机称为"UM"，把要模仿的图灵机叫作"M"，如果 UM 要模仿 M，需要把 M 的输入信息，还有 M 的指令表都转换成数列的形式，记录在磁带上，然后存储到UM 中。接下来，UM 可以根据 M 的输入信息和指令表来模仿输出 M 导出的结果。

综上所述，通用图灵机可以通过将输入信息和指令表全部存储在一个磁带上制作出来，这个设想就是冯·诺依曼结构。当把指令表视为一种程序时，具有冯·诺依曼结构的计算机被称为"存储程序计算机"（stored-program computer）。由此也可以得出这样的结论：图灵机的概念是现代计算机的基础。

这里出现了一件意想不到的事情，图灵机打破了希尔伯特计划的第三个目标——可判定性。图灵机理论上可以执行任何计算，甚至只要程序设计正确，也可以判定数学命题的真伪。那么，对于随机给出的输入信息，图灵机能否在有限的时间内完成计算呢？如果答案是肯定的，就相当于验证了"可判定性"。需要指出的是，这一问题也被称为"停机问题"。事实上，图灵机的出现也恰恰是为了回答这个问题。

图灵给出的答案是否定的。换句话说，对于任意给出的输入信息，图灵机无法判断能否完成计算。这里不能解释得非常详细，但对于图灵证明中所包含的关键信息，可以整理成如下内容：

首先，假设存在图灵机，它可以判定对于随机给出的输入信息，是否能完成计算。出于方便讨论的考虑，让我们把这个图灵机叫作"H"，将输入信息及其驱动程序存储入 H 后，H 可以判断输入信息对应的计算是否在有限的时间内结束，即停机还是无限重复。

其次，根据 H 的判断结果，让我们增加一个辅助设备来进行以下操作：这个辅助设备的作用是把 H 的判断结果进行逆输出。也就是说，一旦出现计算被停止的结果，则输出为无限重复；如果结果为无限重复，则输出是停机。这里把包括辅助设备在内的整个图灵机称为"H+"。

最后，让我们把驱动 H+ 的程序存储为 H+ 的输入信息，接下来发生的情况十分有趣。H+ 内部的 H 知道 H+ 会按照相反的方向执行任务，但 H 没有办法摆脱这个陷阱。也就是说，如果 H 的判断 H+ 输出的是"停机"的话，但实际上输出的是"无限重复"。相反，如果 H 判断 H+ 输出的是"无限重复"的话，但实际上输出的是"停机"，二者一直处于相悖的逻辑之中。通过反证法，不难得出"停机问题是不确定的"这一结论。

那么，这是否意味着图灵机并没有太高的价值？不是的。正如前面提到的，图灵机是现代计算机的基础。特别是，利用图灵机原则上可以证明存在自我复制的机器，可以将执行自我复制的任务变成一个程序。这也就是说，原则上冯·诺依曼想象的人工生命是可以存在的。

尽管有这些重大的进步，但在图灵和冯·诺依曼生活的那个时代，凭借当时的技术水平还无法真正制造出自我复制的机器，许多科学家对此感到十分遗憾。那么，这种遗憾该如何弥补呢？

生命游戏

冯·诺依曼认为生命的核心是超越物理存在的一种逻辑结构。这是什么意思？众所周知，地球上所有的生命都以碳为基础，碳与氢、氧和其他一些元素相结合，产生组成生命所需的各种碳化合物。一言以蔽之，生命就是碳化合物。

但是，生命体一定要由碳化合物组成吗？因著有《宇宙》一书而闻名的卡尔·萨根（Carl Sagan）批判道："相信生命一定是由碳化合物组成的，是一种碳优越主义。"他还提出："在宇宙的其他地方，生命体也可以由具有与碳相似性质的硅或锗组成。"需要强调的是，硅或锗在元素周期表中与碳同属一族，这些所谓的"碳族元素"，在最外层能级上各有 4 个电子。

那么，由非碳元素组成的生命体在什么意义上可以被称为生命呢？支配超越物理实体的生命逻辑结构是什么呢？

为了找到这样的逻辑结构，冯·诺依曼与他的朋友斯塔尼斯拉夫·乌拉姆（Stanislaw Ulam）一起创造了模仿生命的数学模型（强调一下，乌拉姆因研发氢弹而闻名），这个数学模型就是元胞自动机（cellular automata）。简单来说，元胞自动机是一种在类似棋盘形状的，被分割成单元或空格的网格上展开的动力学模型。

具体来说，网格上的每个单元格在初始时间 t_0 被分配了一种状态。在下一个时间 t_1，每个单元格的状态依赖其他单元格在初始时间 t_0 的状态。这意味着，每个单元格在每个时刻的状态会依赖前一个时间周围单元格的状态，且呈现出动力学上的变化。设定的单元格的状态如何完全依赖周围单元格的状态，可根据情况用程序设计成与图灵机指令表类似的规则。总之，网格上的每个单元格会以 t_0、t_1、t_2、t_3 等连续的时间函数持续变化。

冯·诺依曼首次提出的元胞自动机是类似于一个大棋盘的模型，二维方格上每个单元格有 29 个状态，冯·诺依曼使用这个模型真正实现了元胞自动机可自我复制的功能。不过，当时不少人认为设置 29 个状态确实有点复杂，同时使单元格状态发生变化的规则也十分复杂，难道没有更简单的模型了吗？

后来，元胞自动机的升级版诞生了。英国数学家约翰·康威（John Conway）创立了生命游戏（game of life）。顾名思义，生命游戏是为模仿生命而发明的。具体来说，生命游戏是在二维方格里展开，每个单元格的状态设置成在两种状态——生与死，或者

是在 0 和 1 中择其一。每个单元格的状态取决于该单元格周围的
其他 8 个单元格的状态。概括来讲，生命游戏遵循以下三条规则：

* **生存**　如果说周围有 2 个或 3 个单元格是存活的话，那么
　　存活的单元格将在下一个阶段继续存活。
* **死亡**　如果说周围有 4 个或更多个单元格还存活着，那么
　　这些单元格就会因人口过剩而在下一个阶段死亡。同样，
　　如果说周围有 0 个或 1 个单元格是存活的，那么存活的单
　　元格将因孤单在下一个阶段死亡。
* **诞生**　如果说周围刚好有 3 个单元格存活下来，那么，死
　　亡的单元格会在下一个阶段复活。

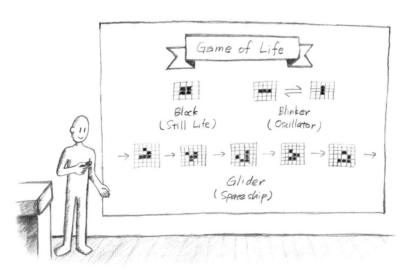

图 16　康威的生命游戏

　　读者期望生命游戏中会出现什么模式？结论是，可能会有 N 种让人意想不到的模式。首先，模式区分为稳定模式和不稳定模式。稳定模式又分为四种情况：

* 静物没有任何变化，保持固定的模式。例如，立方体。
* 振荡器以一定的周期重复的模式。例如，信号灯。
* 宇宙飞船同振荡器一样具有固定周期进行重复但位置会发生变化的模式。例如，滑翔机。
* 枪模式的核心是一部分固定在位置上，但会继续生成宇宙飞船的模式。例如，高斯帕滑翔机枪，每 30 步发射一次滑翔机。

　　另外，不稳定模式又分为可预测和不可预测两种。首先，一个可预测而又不稳定的模式经过复杂的进化过程，最终被预测形成稳定的模式。例如，右五连（R-pentomino）模式仅仅由 5 个单元格组成，但直到 1 103 步之后，才固定在稳定模式上。其次，一种不可预测而又不稳定的模式，根本不知道要经过多长时间才会呈现出稳定的模式，或者最终是否会拥有稳定的模式。从专业的角度上讲，这种模式称为"混沌现象"。

　　问题是，没有办法确定不稳定模式的命运，本质上这就是"停机问题"。换句话说，康威的生命游戏具有不可判定性，是一种图灵机。稳定的模式等于图灵机没有停机，在无限运转；所有单元格死亡的模式等于图灵机停机。图灵的一系列推导证明已经表明无法掌握初始时设定的模式到底是无限运转还是停机。

如上所述，生命游戏的规则非常简单。最重要的是，规则是完全确定的，当然模式的动力学也是完全确定的，但我们却不能预测模式的命运。这就像牛顿运动定律是确定的，却也根本无从知晓宇宙的命运。因此，生命游戏在涉及自由意志和确定性的问题上提供了非常重要的参考。

但是生命游戏本身的价值也是无法确定吗？完全不是这样。在最初被创立时，生命游戏引领我们走向了一个无法想象的方向。换句话说，生命游戏本身就是计算机，因为生命游戏是图灵机的一种。如果充分利用生命游戏的稳定模式，就可以完全构建计算机所需的所有逻辑门。

需要指出的是，构建计算机基本所需要的逻辑门是 NOT、AND 和 OR 门。众所周知，计算机以 0 和 1 组成的二进制为基础。换句话说，计算机是使用三个逻辑门对由 0 和 1 组成的信息进行适当的转换，从而执行特定运算任务的图灵机。

由电子回路组成的现代计算机使用电压来表示 0 和 1，比如 0 伏对应 0，5 伏对应 1。为了在生命游戏中表现 0 和 1，需要更有创意的方法，即利用滑翔机。正如前面提到的，高斯帕滑翔机枪每 30 步发射一次滑翔机。一旦这样发射的滑翔机没有到达规定地点，可以当作 0，到了就当作 1。滑翔机就成了信号。

一旦适当增加几把滑翔机枪，即可实现构建 NOT、AND、OR 门了，另一方面也意味着可以构建计算机的中央处理器，即 CPU。但除了 CPU，计算机还需要存储设备。当然，也可以用类似的方法构建存储设备。需要指出的是，满足通用运算必需的所有条件亦被称为"图灵完备"（Turing completeness）。总之，生命游戏是图灵完备，可以处理现代计算机能够执行的所有任务。

尤其是，生命游戏原则上也可以处理人工智能运算法则，当今人工智能运算法则均利用了备受青睐的机器学习技术，这意味着生命游戏可以在围棋比赛中击败我们。当然，人工智能还不具有真正意义上的意识。也就是说，现在还无法实现强大的人工智能，而要真正实现人工智能和人工生命，未来还有很长的路要走。目前，我无法就该往哪个方向走做出回答，先让我们一起来思考下面这个重要问题吧！

要运行生命游戏，无论如何都应该有初始模式。如果是普通的图灵机，应该配有储存有初始信息的磁带，这些初始的模式或信息是人类输入的。即使像机器学习那样，机器可以自己学习知识，但最终人都是不可或缺的因素。现在，先让我们抛开图灵机，来关注接下来的问题。真正的生命发端于什么样的初始信息呢？而这个初始信息是由谁输入的呢？

让我们从更全面的角度来审视这个问题：正如在第六章中讲到的，为了建立宇宙新秩序，将初始条件重置为局部熵减。那么，是什么重置了初始条件呢？

答案并非来自宇宙之外，万物皆是自发产生的。

自发对称性破缺

对称性是物理学的核心概念。对称性之所以重要，是因为它能够让我们预测未来。更专业的说法是，对称性总是伴随着相应的守恒法则。

现在，让我们先来了解一下空间的平移对称性。所谓空间的平移对称性，是指即使改变确定空间坐标基准的原点，物理定律也不会发生任何变化。例如，地球上的物理定律和月球上的物理定律是完全相同的，而且在太空任何地方物理定律大概率是相同的。空间的平移对称性的重要性在于它伴随着动量守恒定律。根据动量守恒定律，在无外力作用的孤立系统中，整体动量是守恒的。基于这一点，我们可以预测在任何孤立系统中，无论粒子发生多么复杂的碰撞，它们的整体动量都是守恒的。以日常生活为例，拿撞车事故来说吧，当两辆汽车相撞时，如果知道了一辆汽车的动量，就可以计算出另一辆汽车的动量。

同样，空间的旋转对称性是伴随着角动量守恒定律。所谓空间的旋转对称性，是指即使确定空间坐标方向的轴发生旋转，物理定律也无任何变化。例如，在三维空间中围绕 z 轴旋转，物理定律不会发生变化。这里也举一个与角动量守恒定律有关的例子，比如当我们骑自行车时，为什么自行车不会倒下？这其中的原因很复杂，但最重要的原因在于角动量守恒定律。首先，轮子旋转会产生角动量，要想让这个角动量守恒，必须不变换轮子的旋转轴。可是如果自行车倒下了，旋转轴也就发生了改变。所以在骑行的时候，自行车当然是立着的。

不仅是空间，时间也可以具有对称性。时间的平移对称性会伴随着能量守恒定律。所谓时间的平移对称性，是指即使改变时间的标准，物理定律也不会产生任何变化。通俗地讲，昔日 1 万年前的物理定律与现代的物理定律，以及 1 万年后未来的物理定律完全一样。我们可以利用能量守恒定律来预测未来会发生的许多事情。

通常，对于时间或空间等连续变化的变量，如果存在对称性，则必然存在相应守恒的物理量。这在数学上已经得到了缜密的证明，即诺特定理。需要指出的是，这个定理是由德国数学家艾米·诺特（Emmy Noether）发现的。

但是对称性可以自发地打破，而一旦打破对称性，就会产生新的"秩序"。对于这个说法，在第二章中已经提到过，空间的平移对称性打破就会产生固体（需要强调的是，时间的平移对称性不易被打破）。还有一个事实是，如果空间的旋转对称性被打破，就会产生磁铁。接下来，让我们以磁铁为例，来详细分析自发对称性破缺。

什么是磁铁？磁铁是固体中小磁体的集合。这些小磁体基本上是由于电子的自旋具有磁矩（magnetic moment）而产生的。如果某种物质要变成普通大小的磁铁，这些小磁体必须"相互合作"。换句话说，所有的旋转都必须朝一个方向排列，就像行军的士兵迈出整齐一致的步伐。

不过，不妨先冷静地思考一下，从根本上讲，空间的所有方向是一致的。从单个自旋的角度上看，每个自旋可以指向任何方向。但是，自旋会通过一定的相互作用向一个方向排列。此时很重要的一点是，自旋的相互作用不会隔空发生，通常是相邻自旋发生相互作用，而一旦相互作用使最相邻的自旋都指向同一个方向，能量会下降。通俗来讲，单个自旋只倾向于与自己最相邻的自旋指向同一个方向，与远处的自旋不发生关系。

那么，在这种情况下，为什么远处的自旋也会朝一个方向排列呢？道理很简单，因为单个自旋会与最相邻的自旋排列一致，远处的自旋也总是与最相邻的自旋整齐排列。这样一来，自旋的排列是处于连续状态。也就是说，整个系统的自旋都会朝一个方向排列。

如果只考虑能量，自旋总是会整齐排列。但是系统试图在设定的能量中让熵最大化。正如在第六章中讲到的，温度会平衡能量和熵。也就是说，当温度较低时，系统向能量降低的方向进化，温度高时则向熵增的方向进化。总之，如果温度低于某个临界温度（critical temperature），自旋会排列整齐从而产生磁体。反之，自旋会任意地指向无序方向，磁体也会消失。

不过，这里还有一点值得留意。当温度低于临界温度，自旋排列整齐时，其指向的方向并不是预先确定的，因为空间里的所有方向都是一致的。也就是说，空间具有旋转对称性。但是，自旋朝一个方向整齐排列也就意味着旋转对称性打破。特别是，这意味着旋转对称性在没有外部因素的条件下自发地打破了，专业上将这种现象称为"自发对称性破缺"。

为了加深理解，让我们看一则有趣的事例吧。南非有一种叫狐獴的动物，平时在地下挖洞，结成部落群居生活。狐獴轮流站岗，以保护部落免受捕食者的伤害。狐獴对声音很敏感，能轻松觉察出来自远方的捕食者的动静。因在部落中生活需要相互协作，所以每一只狐獴对哪怕是同伴的行为都很"警惕"。

现在，一只狐獴紧盯着一个方向，倒不是因为那个方向有捕食者出现，它只是偶然朝那个方向看了一眼。但是这只狐獴周围的其他狐獴也开始朝着同一个方向看去。接着，周围的其他狐獴也看向了同一个方向。结果，所有的狐獴都盯着一个方向看。这个例子很好地说明了自发对称性破缺。

当然，只有当狐獴之间互相关心时，才会发生这种现象。如果说"温度"太高，即"无序度"很高，彼此不会关心对方的话，狐獴会各自瞅向任意一个方向。在这种情况下，狐獴群的旋转对称性不会打破。

通过具体的事例理解起来生动多了，但也不可避免地会产生误解。现在让我们抛开例子，从更严谨的角度去理解自发对称性破缺。为此，我们最好先分析一下统计物理中最著名的数学模型——伊辛模型（Ising model）。

伊辛模型

伊辛模型表面上看似非常简单，但其实十分深奥。伊辛模型对确立与自发对称性破缺和由此引发的相变相关的理论产生了极大的影响。虽然接下来展开的讨论侧重数学和技术层面，但正确理解伊辛模型与理解第五章所讲述的氢原子的薛定谔方程一样，是非常有价值的。希望大家保持毅力继续跟着我一起进行探讨吧！

为了让我的分析能通俗易懂，假设在伊辛模型中自旋不会连续旋转，仅指向向上或向下的方向。从数学上讲，在伊辛模型中，自旋只有两个值，即 $s=\pm1$。此时，+1 是指向上的自旋，而 -1 是指向下的自旋。与约翰·康威创立的生命游戏模型类似，这些自旋置于网格上的单元格中，并与最相邻单元格的自旋相互作用。对于伊辛模型的能量哈密顿算子，用下面的式子进行表示：

$$H = -J \sum_{\langle i,j \rangle} s_i s_j$$

其中 s_i 和 s_j 表示位于第 i 和第 j 单元格的自旋值。$\langle i, j \rangle$ 表示只有当第 i 和第 j 个单元格是最相邻的"邻居"时才求和。J 表示最相近的相邻自旋指向同一方向和指向相反方向时的能量差异。从专业角度来讲，J 被称为"自旋耦合常数"（spin coupling constant），这里的自旋倾向于指同一方向。

为了帮助理解，让我们以正方形网格组成的伊辛模型为例，这个正方形网格由从 1 ~ 9 一共 9 个单元格组成。如下图所示：

s_7	s_8	s_9
s_4	s_5	s_6
s_1	s_2	s_3

在这种情况下，伊辛模型的哈密顿算子可以写成：

$$H = -J(s_1 s_2 + s_1 s_4 + s_2 s_3 + s_2 s_5 + s_3 s_6 + s_4 s_5 \\ + s_4 s_7 + s_5 s_6 + s_5 s_8 + s_6 s_9 + s_7 s_8 + s_8 s_9)$$

从这里可以看出，伊辛模型的能量由位于每个单元格的自旋值确定。换句话说，如果设定自旋模式，就可以确定伊辛模型的能量。不妨仔细思考一下，在由 9 个单元格组成的伊辛模型中，可能的自旋模式总数是 2^9。通常来说，如果单元格数为 N，则可能的自旋模式总数为 2^N。

现在让我们给自旋模式加上从 1 号到 2^N 号的编号，并全部罗

列出来。在这种情况下，假设任一设定的自旋模式，例如第 n 次
自旋模式具有能量 ϵ_n，那么这种自旋模式发生的概率是：

$$P_n = \frac{1}{Z} e^{-\epsilon_n/k_B T}$$

其中，Z 是配分函数，被定义成：

$$Z = \sum_n e^{-\epsilon_n/k_B T}$$

这个公式在第六章中学过，是表示正则系综的玻尔兹曼分布
公式。我们可以利用玻尔兹曼分布做些什么呢？举个例子吧，如
果说设定好位置，想要求出第 i 个单元格中自旋的平均值的话，
计算出下列公式中的量就可以了。

$$\langle s_i \rangle = \sum_n s_i^{(n)} P_n$$

公式中 $s_i^{(n)}$ 是位于第 n 个自旋模式下第 i 个单元格中的自旋
值。但是，所有单元格都是相同的，因此自旋平均值与位置无关，
是固定的。

$$m = \frac{1}{N} \sum_i \langle s_i \rangle$$

其中，m 表示跨空间恒定自旋的平均值。因此，如果 m 为 0，
则自旋处于未排列整齐的无序状态；如果 m 不等于 0，则自旋处
于排列整齐的有序状态。所以，m 是衡量秩序度的量，即"序参
量"（order parameter）。总之，我们可以利用玻尔兹曼分布计算出
自旋平均值，即序参量。

现在，让我们看看实际计算序参量的过程。首先，了解掌握
一个便于计算序参量的概念是非常实用的，这个概念就是朗道自

由能（Landau free energy）。朗道自由能基本上与第六章中提到的亥姆霍兹自由能相似。不妨再回忆一下前面讲到的内容，亥姆霍兹自由能是能量和熵的相加之和，温度是控制两者平衡的变量。亥姆霍兹自由能 A 与配分函数的关系如下所示：

$$e^{-A/k_BT} = Z$$

上述公式可以写成：

$$A = -k_BT \ln Z$$

数学小课堂

亥姆霍兹自由能与配分函数

亥姆霍兹自由能基本上是能量和熵相加之和。

$$A = E - TS$$

另一方面，亥姆霍兹自由能与配分函数间的关系如下所示：

$$A = -k_BT \ln Z$$

现在我们想证明上面的两个公式是相互一致的，那就从熵公式开始吧。

$$S = -k_B \sum_n P_n \ln P_n$$

将玻尔兹曼因子准确代入 P_n 并整理，可得出如下结论：

$$\frac{S}{k_B} = -\frac{1}{Z} \sum_n e^{-\epsilon_n/k_BT} \ln\left(\frac{e^{-\epsilon_n/k_BT}}{Z}\right)$$

再整理一下刚才的公式。

$$\frac{S}{k_B} = \frac{1}{k_B T}\left(\frac{1}{Z}\sum_n \epsilon_n e^{-\epsilon_n/k_B T}\right) + \ln Z$$

公式右边括号中的量即能量，利用它就可以得出我们想要的结论了。

$$A = -k_B T \ln Z = E - TS$$

综上所述，亥姆霍兹自由能基本上是取配分函数的对数值。如果把亥姆霍兹自由能最小化，序参量就被确定了，但问题是亥姆霍兹自由能并没有明确地用序参量函数来表示。简言之，朗道自由能是用序参量表示的亥姆霍兹自由能。现在，我们要做的事情就是无论如何要用序参量的函数来表示配分函数，然后取对数求朗道自由能。

通常要准确求解配分函数并不容易。对于二维方形网格上的伊辛模型，配分函数由物理学家拉斯·昂萨格（Lars Onsager）解出来了。不过，昂萨格求解的过程非常复杂，在这里就不一一详述了。此外，对于大于二维或非方格系统的伊辛模型，配分函数仅求出了数值。精确的求解是有一定难度的，一旦找到合适的近似方法将会非常有帮助。

接下来，我们将学习一个相对容易又非常有用的近似方法 —— 平均场理论（mean field theory）。

墨西哥帽子

从本节开始将要详尽讲解的平均场理论其理论性相当强。但如果肯花点时间认真学习平均场理论，一定会获得有助于了解世界的崭新视角。

对于我们目前关注的伊辛模型，平均场理论将自旋值分为了平均值和偏离它的偏差（deviation）。

$$s_i = m + (s_i - m)$$

其中，m 是自旋平均值，这个公式过分简单了。那就稍微再复杂一些，让我们近似地展开两个最相邻的自旋值的乘积。

$$s_i s_j = [m + (s_i - m)][m + (s_j - m)]$$
$$= m(s_i + s_j) - m^2 + (s_i - m)(s_j - m)$$

上述公式中的最后一项是偏离平均值的偏差，是二次相乘后的量，忽略该项也没有太大问题。

$$s_i s_j \simeq m(s_i + s_j) - m^2$$

这就是平均场理论。要计算这样的平均场近似下的哈密顿算子，如下所示：

$$H_{MF} = -Jzm \sum_i s_i + \frac{1}{2} NJzm^2$$

在这里，z 是最相近的相邻数。因此，如果是二维方格，则 $z=4$。这个公式告诉我们，平均场理论是一种近似方法，将每个自旋最相邻的所有其他自旋的值都置换为自旋的平均值。现在，从平均场理论中获得的配分函数如下：

$$Z_{MF} = \sum_{s_1 = \pm 1} \sum_{s_2 = \pm 1} \cdots \sum_{s_N = \pm 1} e^{-\beta H_{MF}}$$

其中，多重求和意味着将位于所有单元格中的自旋值替换为 ±1，并针对所有可能发生的自旋模式，全部加上玻尔兹曼因子。具体来讲，如果把之前求得的平均场哈密顿算子代入这个公式中，那么配分函数可整理成：

$$Z_{MF} = e^{-\beta NJzm^2/2} \sum_{s_1=\pm 1} \sum_{s_2=\pm 1} \cdots \sum_{s_N=\pm 1} e^{\beta Jzm \sum_i s_i}$$

乍一看，这个公式似乎计算起来太难了！但事实上，这个用晦涩的符号罗列出来的公式实质上等同于简单的加法。如果仔细审视一下，会发现这个公式中的多重求和，等于对位于每个单元格中的自旋值相加，然后再取和的乘积。可以重新整理一下公式：

$$\sum_{s_1=\pm 1} \sum_{s_2=\pm 1} \cdots \sum_{s_N=\pm 1} e^{\beta Jzm \sum_i s_i} = \left(\sum_{s=\pm 1} e^{\beta Jzms} \right)^N$$

综上所述，平均场配分函数是：

$$Z_{MF} = e^{-\beta NJzm^2/2} [2\cosh(\beta Jzm)]^N$$

上面的公式中被称为"双曲余弦"（hyperbolic cosine）的 $\cosh x$ 被定义成：

$$\cosh x = \frac{e^x + e^{-x}}{2}$$

正如之前讲到的，朗道自由能是亥姆霍兹自由能近似地取配分函数的对数值。

$$e^{-F_L} = Z_{MF}$$

也就是说，朗道自由能 F_L 是取配分函数的对数值。

$$F_L = -\ln Z_{MF}$$

现在，如果利用求得的平均场配分函数，计算每个自旋朗道自由能 $f_L = F_L/N$，如下所示：

$$f_L = -\frac{1}{N}\ln Z_{MF} = \frac{1}{2}\beta Jzm^2 - \ln[2\cosh(\beta Jzm)]$$

这里如果定义新的序参量 $\phi=\beta Jzm$，相应地可以将朗道自由能表示成：

$$f_L = \frac{1}{2}\frac{\phi^2}{\beta Jz} - \ln(2\cosh\phi)$$

出于方便讨论的考虑，在假设新的序参量 ϕ 为最小的条件下，朗道自由能可以展开为：

$$f_L \simeq \frac{t}{2}\phi^2 + \frac{1}{12}\phi^4$$

这里的对比温度（reduced temperature）t 被定义成：

$$t = \frac{T - T_c}{T_c}$$

临界温度 T_c 则被定义成：

$$T_c = Jz/k_B$$

现在，对于序参量，即自旋的平均值，可以从 f_L 对 ϕ 的函数最小化的条件中求取。简言之，朗道自由能是一种势能，其最小化的条件如下：

$$\frac{df_L}{d\phi} \simeq t\phi + \frac{1}{3}\phi^3 = 0$$

如果这里 t 是正数，那么只有一个解 $\phi=0$。当 t 为负数时，则有三个解。

$$\phi = 0, \ \pm\sqrt{-3t}$$

这些解的性质，如果直接描述出朗道自由能 f_L，就会变得清晰了。如图 17 所示，朗道自由能根据 t 这个符号变换其形状。也就是说，如果 t 为正，朗道自由能函数的形状则显示为单井（single well）结构；如果 t 为负，则显示为双井（double well）

结构。值得一提的是，拥有双井结构的势能被称为"墨西哥帽势能"（Mexican hat potential）。因为墨西哥帽子的截面看起来像双井结构。不过，在稍后讨论的超导体中，朗道自由能看起来确实像一顶墨西哥帽子。

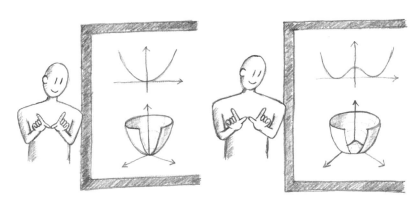

图 17　表现自发对称性破缺的朗道自由能（左图）
单井结构、双井结构及墨西哥帽子（右图）

具体来说，t 为正数时求得的解 $\phi=0$ 是势能的局部最大值。因此，就像停在山坡上的石头只要轻轻碰一下就容易滚下山坡一样，这个解是不稳定的。而稳定的解则是势能的最小值，即 $\phi=\pm\sqrt{-3t}$。

让我们总结一下迄今为止用平均场理论来求解的伊辛模型的结果。当温度低于临界温度，则会存在序参量，即自旋平均值不等于 0 的解。这个解作为所有自旋指向向上或向下方向的两个解中的一个，其中实际选择哪一个解是由自发对称性破缺决定的。

需要强调指出的是，对于单个自旋来说，或上或下的方向都是一样的。但是，这种上下对称性可以通过自旋之间的合作而自发破缺，一次破缺的对称性则由于势能的双井结构而保持稳定。

关系的长度

因自旋可以相互合作，因此可以自发地打破上下对称性。现在让我们来具体了解自旋间的合作。为此，先需要了解定量化的相关关系的函数，即相关函数（correlation function）。

对于伊辛模型，相关函数是用来计算当某个位置的一个自旋指向某一方向时，另一个处于特定距离位置上的自旋指向同一方向的概率的量。具体来讲，相关函数的定义如下所示：

$$G(\mathbf{r}_i - \mathbf{r}_j) = \langle s_i s_j \rangle - \langle s_i \rangle \langle s_j \rangle$$

其中，$\mathbf{r}_i$ 和 $\mathbf{r}_j$ 是表示第 i 和第 j 个单元格位置的向量。在这里，设定两个相距一定距离的自旋变量乘积的平均值如下：

$$\langle s_i s_j \rangle = \frac{1}{Z} \sum_n s_i^{(n)} s_j^{(n)} e^{-\beta \varepsilon_n}$$

需要指出的是，在相关函数的定义中，考虑到在有序状态下，因为自旋平均指向同一方向，所以为适当地减除平均值的效果，才引入了公式右边的第二项。

但遗憾的是，在这里不能详细描述导入的整个过程。如果在两个自旋之间的距离足够远的条件下，利用平均场理论进行相关函数运算的话，则得出下面的结果：

$$G(r) \simeq \frac{1}{r^{d-2}} e^{-r/\xi}$$

其中，r 表示两个自旋之间的距离，d 表示维数。这个公式中包含最重要的信息的量是ξ，是确定两个自旋相互影响的距离长度的尺度，即"相关长度"（correlation length）。

这个相关函数告诉我们：相隔一定距离的两个自旋指向同一方向的概率，以相关长度为基准呈指数函数级递减。换句话说，如果两个自旋之间的距离短于相关长度，则按同一方向整齐排列的概率较大；如果比相关长度长，则其概率较小。具体来讲，在平均场理论中，相关长度用温度的函数来设定：

$$\xi \sim \frac{1}{\sqrt{|t|}} = \sqrt{\frac{T_c}{|T - T_c|}}$$

根据这个公式，当温度接近临界温度时，相关长度就会发散至无限大。也就是说，当达到临界温度时，自旋无论彼此相距多远，都维持着紧密的相互关系。简言之，在相变引起的临界点上，所有的自旋都会相互合作。

为了帮助大家加深理解，让我们再看一个具体的例子，这次的例子不是取材于大自然，而是社会现象。例如，在早期某种无序的社会中，这个社会"温度"很高，社会成员相互不合作，各自为战。生活在社会里的独立成员不会打破社会的规范，即对称性。此后，温度慢慢下降，社会大变革随之而来，社会成员的相互关系越来越疏远，整个社会逐渐发展成为一个统一的群体。当终于到了社会发生大变革的时刻，即到了临界点，所有社会成员都会相互协同，打破独立成员不曾打破的对称性。

在临界点上，相关长度发散总是存在于连续相变（continuous phase transition）这种一般性相变现象中。但是，当温度接近临界温度时，相关长度具体扩散的程度取决于特定模型的细节属性。（如前所述，在平均场理论中，当接近临界温度时，相关长度等于温度的平方根的倒数。）相关长度在临界点附近发散的程度由临界指数（critical exponent）规定。在数学上，相关长度的临界指数 v 被定义为：

$$\xi \sim \frac{1}{|t|^{v}}$$

在平均场理论中，$v=1/2$。如果偏离平均场理论，想要求正确的值，v 就取决于网格的维度。具体来讲，对于二维网格上的伊辛模型，$v=1$；对于三维网格上的伊辛模型，$v\simeq0.64$。

我想再强调一遍，临界现象最核心的性质是在临界点上，相关长度会发散。这意味着，当到达临界点时，长度尺度在所有物理量中会消失。从数学上讲，这意味着所有物理量与相关长度相似，都遵循幂法则（power law）。例如，序参量在临界点附近时用以下公式描述：

$$\phi \sim (-t)^{\beta}$$

在平均场理论中，$\beta=1/2$。更准确地说，对于二维伊辛模型而言，$\beta=1/8$；对于三维伊辛模型来说，$\beta\simeq0.33$。

到目前为止，我们分析了伊辛模型。但是，在从表面上看起来与伊辛模型完全不同的模型上，尽管临界温度不同，但临界指数往往与伊辛模型完全一样。让人感到诧异的是，模型的细节对临界指数毫无影响。也就是说，属于同类的模型皆属于具有全部相同临界指数的普适类（universality class）。总结起来就是：

相变从表面看起来非常复杂，

内部隐藏着普适的性质。

怎么会这样呢？令人遗憾的是，在这里我仍不能详细解释这个问题的答案。在物理学的历史上，回答这个问题的过程极具戏剧性，也留下了浓墨重彩的一笔。让我们尽量简略地了解一下情节吧。

正如前面讲到的，相关长度在临界点上发散，这意味着在所有物理量中，长度尺度会消失。换个角度来说，即使改变长度，物理属性也不会发生改变。为了更详细地了解这里改变长度的意义，让我们先来看一个寓言故事吧。

在科幻电影中我们经常看到类似的情节：一群缩小版的主人公，在缩小的世界里进行各种冒险。一旦他们结束了冒险，转场到了另外一个世界，与缩小之前的世界几乎完全一样，那会发生什么呢？

既然开始讨论科幻电影故事，那就让我们想象一个有趣的情节吧。为了验证去冒险的缩小主人公们的话是否属实，我们也到达了小世界。尽管小世界整体上和原来的世界相差无几，但仍有些不同。小世界的人们之间的关系比人类之间的关系显得更紧密一点。从某种意义上说，这算是比我们更人性化。

但是这个小世界里发生了不明原因的源于外部环境的变化。突然之间，小世界的人们开始比以前更亲密地合作了，甚至不认识的人之间也携起手来，关系的范围扩大了。在某个时刻，发生了一件出乎意料的事情，小世界里的人无一例外地保持着合作，表现得像不离不弃的家人一样，达到了所谓的"临界点"。

突如其来的这些变化令人慨叹。当我们返回原来的世界，惊讶地发现这里的人们不也正在彼此合作，难分彼此吗？是不是感觉不可思议？即使改变了长度，一大一小两个世界看起来却呈现出了一样的临界现象，并无殊异。

让我们回到伊辛模型。因为在临界点附近，自旋会紧密配合，所以一定范围内的相邻自旋，在一定程度上都能看作是一个统一的自旋。基于这种直觉，我们从相邻的自旋中选出几个彼此相近的自旋，将它们组合成一组，然后得到了被称为"块区自旋"（block spin）的自旋组合。让我们将表示块区自旋的旋转值设定为其中所包含的自旋平均值，像这样把原来的自旋置换成块区自旋，就好像取平均值，消除了在小范围中产生的波动一样。换句话说，就是改变了长度尺度。

一般来说，改变长度尺度之前和之后的哈密顿算子（严格来说，是哈密顿算子除以温度的量）形式上是有差异的。换句话说，描述块区自旋的哈密顿算子与描述原来自旋的哈密顿算子一般来说是不相同的。但是，如果这两个哈密顿算子变得一样，会发生什么状况呢？我们将看到的是即使改变了长度，一大一小两个世界的境况是完全一致的。

再补充说明一点，在伊辛模型中，自旋耦合常数规定了哈密顿算子。一般来说，上述规定哈密顿算子的系数会随着长度尺度的变化形成一种趋势并产生变形。临界点是即使在这些趋势变化中，系数也固定不变的点。同样不可思议的是，在临界点周围生成的系数的趋势具有相当普适性的结构，这种普适结构决定了前面提到的相变的普适类。

关于长度尺度转换的不变性，以及据此说明相变的理论，有一个特殊的称谓，即"重整化群理论"（renormalization group theory）。

超导现象

对称性可以自发地打破。例如，如果空间的旋转对称性打破，就会产生磁铁。尽管这种现象有一定的特殊性，但也并非稀奇罕见。物理定律中有一条绝对不会打破的守恒定律，就是电荷守恒定律（conservation law of electrical charge）。从根本上说，电荷守恒定律是规范对称性的结果。因此，规范对称性破缺似乎是不可能发生的现象，但是这个本来不会发生的现象却真的发生了，即超导现象（superconductivity）。

什么是超导现象？就是电阻正好为零的现象。在发生超导现象的超导体内，电流一旦开始流动，就永不会停止。怎么会发生这么匪夷所思的事情呢？为有助于理解这一点，首先来看看与此密切相关的另一种现象，即超流现象（superfluidity）。

氦作为普通气体，如果温度足够低，就会液化。但是液体氦的运动方式非常奇特。严格说来，氦有两个同位素，即氦 –4 和氦 –3，其中氦 –4 变成液体时会出现超流现象。（氦 –3 在足够低的温度下同样也会表现出超流现象。）

超流体（superfluid）与超导体相似，一旦开始流动，就绝不会再停下来了。例如，让我们把液体氦 –4 装进碗里，如果作为普通的液体，液体氦 –4 会平静地留在碗中，不过液体氦 –4 不是普通的液体。从某种意义上说，碗可以作为阻碍液体流动的一个屏障，但超流液体氦 –4 的流动是任何屏障都无法阻挡的。因细微的波动引起了哪怕是一点点的流动，超流体都可以爬到碗的内壁上，直到溢出碗外。产生于碗内壁上的超流的薄膜叫作"滚膜"（Rollin film）。如果超流体是装在一个入口狭窄的瓶体里，超流体可能干脆会像喷泉一样喷出，这种现象也叫作"喷泉效应"。

产生超流现象的原因，说到底就是玻色子遵循玻色 – 爱因斯坦统计（Bose–Einstein statistics）的缘故。氦 –4 是玻色子。如果温度足够低，系统内的所有玻色子都可以冷凝（condensation）成能量最低的一个状态。此时值得关注的是，甚至波函数的相位也被固定成一个状态。在宏观上，大量的玻色子以及相位统统被束聚于一个固定状态，专业上将这种状态叫作"玻色 – 爱因斯坦凝聚"（Bose–Einstein condensation）。

总之，像这种固定的状态在数量上仅有一个。因此，超流体处于熵正好为零的状态。从宏观上来讲，超流体是数目众多的玻色子在即使没有任何波动的状态下，也表现得像一团流动的流体。

但是，要想产生超流现象，除了玻色 – 爱因斯坦凝聚之外，还需要一个条件。当属于超流体的玻色子与外部障碍物碰撞时，因变成了激发态，所以不会脱离玻色 – 爱因斯坦凝聚状态。通俗来讲，是不会对外界的刺激做出反应的。超流体与普通的流体一样，能量最少的激发态是声音，即声波。因此，除非外部障碍刺激到产生声波的程度，否则超流体可以毫无例外地表现得像一团流动的液体。

超导现象与超流现象的原理基本一致。因此，要发生超导现象，电子必须凝聚成一团。但是这里有一个严重的问题，因为电子不是玻色子，而是费米子。费米子遵循费米 – 狄拉克统计（Fermi–Dirac statistics）。换句话说，费米子只能一个一个地进入量子状态。因此，电子各自占据自己的量子状态，并试图排挤其他电子进入。这样一来，电子的碰撞就必然生成一种激发态的电子，而且这些激发电子最终丢掉了热状态，重新又沉入下面。经历了这些过程，电子逐渐失去动能，电流减少。

因此，要产生超导体，电子必须以某种方式变身为玻色子，方法很简单，因为两个电子结合成一对就可以了。通常情况下，如果是偶数的费米子相互结合，可以表现得跟玻色子差不多。这种由两个电子组成的结合状态，以最初提出这个想法的物理学家利昂·库珀（Leon Cooper）的名字命名，被称为"库珀对"（Cooper pair）。综上所述，超导现象是"库珀对"形成的玻色–爱因斯坦凝聚。

不过，还有一件事情需要确认。库珀对形成的玻色 – 爱因斯坦凝聚状态不会对外部刺激反应敏感吗？可以肯定的是，超导体的激发态被从基态分离成有限的能量间隔。因此，如果外部刺激的强度弱于这种能量间隔，超导体就会保持稳定。

来总结概括一下，超导体是一种电子形成库珀对，成为玻色 – 爱因斯坦凝聚的物质。要产生玻色 – 爱因斯坦凝聚，描述库珀对的波函数，包括其相位、大小均要被固定成一个状态。

不是曾提到过波函数的相位是可以任意改变的吗？根据规范对称性原理，波函数的相位随机转换也不会产生任何物理差异。

但是，正是这种波函数的相位却在超导体中被固定成一种状态，不能再产生变化了。换言之，规范对称性在超导体中打破了。

正如之前讲过的，当规范对称性打破时，电荷守恒定律就不成立了。不能在这里详细解释其中的原因，就简单说明一下吧。因为粒子数量与波函数相位之间的不确定性原理成立，这与位置和动量之间的不确定性原理相似。也就是说，如果波函数的相位固定在一个状态，粒子的数量就无法确定。综上所述，在超导体中电荷并不守恒。

是不是有些不可思议？在随后的一节中，我们将更具体地探讨超导体理论。

BCS 理论

谈及超导现象，会让人感觉很奇怪，甚至难以置信。为了解释如此怪异的现象，需要非常准确且有创意的理论基础。幸运的是，我们已经了掌握了这种微观理论，就是巴丁－库珀－徐瑞弗（Bardeen–Cooper–Schrieffer，BCS）理论。[严格来说，有高于临界温度的超导体，即高温超导体（high–temperature supercon-ductor），但目前还没有成功地描述高温超导体的理论。]

1911 年，荷兰莱顿大学的卡麦林·翁纳斯（Kamerlingh Onnes）首次发现了超导体。当时，瓮纳斯正在使用自己研发的氦液化技术，研究物质在低温下的反应。有一天，他在低温下测量汞的电阻，发现在绝对温度 4 开尔文左右时，汞的电阻降为零。这个现象的发现迅速引起了轰动，物理学家马上形成了一种共识：这种现象可能隐藏着非常重要的原理。翁纳斯因他的这一发现而获得了 1913 年诺贝尔物理学奖。

物理学家其实对这种现象既惊讶又困惑，因为在当时量子力学还没有完全被确立，薛定谔方程直到 1926 年才首次被提出。要理解超导体，人类一直等到了 1957 年，这一等就是 46 年。

超导体被解释为电子构成库珀对，库珀对发生玻色－爱因斯坦凝聚。（顺便强调一下，库珀对的库珀就是相当于"BCS 理论"中的"C"）BCS 理论主要由两部分组成：（1）对电子结合组成库珀对的过程的说明；（2）描述库珀对的玻色－爱因斯坦凝聚状态的波函数的建立。

首先，让我们从第一部分开始分析。通常来讲，电子因库仑相互作用相互强烈排斥。因此，电子想要相互结合，需要一种超越库仑相互作用的特殊原理。BCS 理论告诉我们，电子可以相互结合是基于晶格振动。正如物理学家常说的，电子可以相互交换和吸引晶格振动产生的声子（phonon）。

这与第四章中力的原理相似。让我们再回忆一下，电磁力是粒子传递被称为光子的媒介，弱力是传递 W^+、W^-、Z^0 玻色子这种媒介，强力是传递胶子这种媒介而产生的力。

对于电子通过传递声子产生相互吸引这一点，有更简洁、形象的说法是：固体是带正电荷的原子组成有规律的晶格，在晶格上带负电荷的电子宛如自由流动的海洋。这里所说的海洋，专业上称为"费米海"。

然而，当电子移动时，它周围的晶格结构就会呈现出细微的凹痕，虽然因电子较轻能快速移动，但原子较重，因此出现凹痕的晶格部分不会迅速恢复原状，会导致有凹痕的晶格中聚集比周围稍微多一些的正电荷，恰巧路过周围的电子就被吸引了。最终，最初的电子和恰巧经过周围的电子有效相互吸引。虽然相互吸引的力非常细微，但正是这个吸引力把电子绑束成了库珀对。

BCS 理论的第二部分是所谓"BCS 波函数"的构建，BCS 波函数在形式上非常简单。

$$\Psi_{BCS} = \mathcal{A}[\phi(r_1, r_2)\phi(r_3, r_4)\cdots\phi(r_{N-3}, r_{N-2})\phi(r_{N-1}, r_N)]$$

其中，$\phi(r_i, r_j)$ 是一个描述由第 i 和第 j 个电子组成的库珀对的波函数。$\mathcal{A}$ 是一个算子，表示在 N 个电子中随机抽取两个电子，相互交换，这样得到的新的波函数加上负号，然后加上所有可能的情况。$\mathcal{A}$ 专门被称为"反对称化（antisymmetrization）算子"，之所以需要反对称化算子，是因为电子遵从费米－狄拉克统计。

BCS 波函数的核心是，所有库珀对的波函数都恰好被设定为只有一个波函数，即 $\phi(r_i, r_j)$。这个唯一的波函数不仅大小固定，相位也固定，而相位固定意味着规范对称性破缺。

之前曾经提到过，规范对称性破缺说明电荷守恒定律不成立，但是规范对称性破缺并不意味着就是破坏，规范对称性破缺创造了一些人类存在所必需的，又相当重要的事物——质量。

希格斯机制

BCS 理论就是平均场理论。让我们简单分析一下其中的原因，超导体是由库珀对进行玻色 - 爱因斯坦凝聚而产生的。但是，在 BCS 理论中，库珀对一旦形成马上就会产生玻色－爱因斯坦凝聚。

毕竟，发生超导体的临界温度是任意两个电子结合形成库珀对的温度。这意味着，当某个电子形成库珀对时，其余所有电子会同时相互寻"友"结对，形成完全相同的库珀对状态。换句话说，以被均匀地定义为库珀对的状态为中心，所有电子都表现得一致。这种现象类似于在伊辛模型的平均场理论中，以被定义成序参量的自旋平均值为中心，所有自旋皆整齐排列。

在伊辛模型的平均场理论中，相变是伴随着朗道自由能从单井结构变成双井结构的过程中发生的。在描述超导体的平均场理论——BCS 理论中，朗道自由能同伊辛模型类似被表示成：

$$f_L = a|\phi|^2 + \frac{b}{2}|\phi|^4$$

在这里，设定临界点的系数 a 表示成：

$$a = \alpha \frac{T - T_c}{T_c}$$

这里 α 是正比例常数，其具体值无关紧要。类似地，b 也是正常数，具体值同样也不重要。

在用于超导体的朗道自由能中，序参量 ϕ 基本上是描述库珀对的波函数。波函数是复数，因此序参量 ϕ 具有大小和相位。也就是说，用于超导体的朗道自由能是在复数组成的二维平面上被定义的函数。

如图 17 所示，如果温度高于临界温度，即 $a > 0$，则朗道自由能具有单井结构；而如果温度低于临界温度，即 $a < 0$，则朗道自由能具有双井结构。对于超导体的情况来说，朗道自由能的双井结构的确呈现出墨西哥帽子的形态。

与超导体有关的序参量和通常的波函数有很大不同。首先，用波函数的平方给出的概率永远不会消失，也可以理解成概率总和通常等于 1。另一方面，库珀对根据电子是否结合或产生或消失。因此，严格来说，$|\phi|^2$ 应该被视为库珀对的密度，而不是概率。

正如在伊辛模型中，一旦自旋的平均值变得有限，就会产生磁体一样，库珀对的密度变得有限就会产生超导体。而库珀对的密度由最小化朗道自由能的条件来确定。

$$|\phi| = \sqrt{\frac{\alpha}{b}\frac{T_c - T}{T_c}}$$

值得一提的是，朗道自由能的极小点沿着头部进入墨西哥帽子的入口形成圆形轨迹。上面的这个公式告诉我们，当温度低于临界温度时，库珀对的密度有限。特别是，在临界点附近，库珀对的密度与温度的平方根成反比，这是平均场理论的一般性质。

但是，如果库珀对的密度有限，就会发生非常特殊的事情——光线加重。而光线加重的原理就是著名的希格斯机制。事实上，当电磁弱力分解为电磁力和弱力两种力时，希格斯机制是介入其中的，这在第四章中已经暗示过。

根据规范场理论，电磁力是交换光子而产生的，弱力则是称为 W^+、W^-、Z^0 玻色子的三类粒子相互交换而产生的。在前面没有详细解释过相关问题，但其实在规范场理论中隐藏着一个非常重要的问题，就是为了保持规范对称性，规范玻色子不能具有质量。

光子是没有质量的，所以影响不大。但问题是 W^+、W^-、Z^0 玻色子，传播弱力的这些规范玻色子具有质量，而规范玻色子原则上不能具有质量。在这种情况下，会如何产生规范对称性破缺呢？

在上一节中曾讲述过超导体打破了规范对称性。那么，在超导体内，规范玻色子不就能有质量了吗？没错，的确如此。在超导体内，规范玻色子的代表——光子可以具有质量。也就是说，光线加重了。但是，光线加重实质上意味着光线停止。

光线停止到底是什么意思？相对论告诉我们，光速是恒定的。如果要给出答案，那就是光速只有在光没有质量时才是恒定的。一旦光线加重，光线也会停止。

为了理解光线加重的情况，不妨再来回顾一下狐獴的例子，之前我们提到让狐獴害怕的捕食者靠近狐獴群的情况，这次正好相反，我们想象一个颇受狐獴喜欢食用的甲虫偶然爬进了狐獴群的场景。

当看到甲虫爬进来后，狐獴纷纷靠近甲虫周围想去吃掉它。过了一会儿，越来越多的狐獴将甲虫团团围住，原本移动敏捷的甲虫，往前爬行起来非常困难了。最终，甲虫完全被狐獴围住，动弹不得。

重要的是，所有的狐獴根本不需要确认甲虫到底是怎么爬滚进来的。正如即使没有发现捕食者，所有的狐獴也要紧盯着一个方向一样，在一部分狐獴不知被什么吸引而涌向同一个方向，周围的其他狐獴也会跟风跑向同一个方向。狐獴的这种集体行为使它们聚拢成了一团，才把甲虫包围了起来。

假设狐獴是库珀对，甲虫是光子。当光子进入超导体内时，库珀对就涌向光子周围，包围光子。由于被库珀对成群地环绕，光子逐渐变慢，最后完全停止。但是光子停止，意味着从某个点位开始就没有光线了，而光是电磁场。因此，这意味着电磁场无法深入超导体。

事实上，严格说来，电磁场通常也无法深入普通的导体内，这是电磁屏蔽（electromagnetic shielding）效应的缘故。首先，电场可以通过产生电流来重新定位导体内的电子。但有趣的是，重新定位的电子的分布会按照正好抵消外部电场，内部没有任何电场的方式进行排列。当然，这是在假设导体的电阻足够小，电子对电场立即做出反应的条件下发生的情形。因此，电场相当大一部分被导体屏蔽了。

另一方面，对磁场屏蔽来说，则有一些小的条件。在普通的导体中，磁场只有在随时间变化时才能被屏蔽。随时间变化的磁场会产生所谓的"涡电流"（eddy current）。通俗地讲，所谓涡电流就是电流产生的涡旋。和电场的情况类似，这种涡电流也抵消了外部的磁场。

值得一提的是，进入铁丝网内，可以阻止随时间变化的外部电磁场。首次发现这一点的科学家正是提出著名电磁感应定律的法拉第，用铁丝网屏蔽电磁辐射的设备被称作"法拉第笼"（Faraday cage）。

关于电磁屏蔽，最后要讨论的是不随时间变化的静态磁场。静态磁场是普通导体无法阻挡的。为防止静态磁场，就需要超导体。从专业的角度讲，静态磁场无法深入超导体内的现象被称为

"迈斯纳效应"（Meissner effect）。如果在超导体发生之前就已经被磁场"缠"上了，那么在温度降到临界温度以下的瞬间，磁场会被排斥出超导体。

对于磁场被排斥出去，跟在超导体内部形成了电磁铁差不多，这种电磁铁具有相反极性以抵消外部磁场。特别是，无论外部磁场如何变化，超导体内部都会相应形成恰好具有相反极性的电磁铁。

那么，如果此时将一个小型超导体放在大磁铁上，会发生什么呢？令人惊奇的是，小型超导体悬浮在大磁铁上空。反过来，即使把一块儿小磁铁放在大超导体上，磁铁同样也会悬浮在空中。实际上，利用这种效应就可以制造出磁悬浮列车。

令人印象深刻的是，电影《阿凡达》中出现了飘浮在空中的哈利路亚山。哈利路亚山之所以在空中飘荡，是因为当地的石头中含有大量虚构物质"难得素"，而这其实正是超导体（需要指出的是，关于超导体的描述出现在《阿凡达》的扩张版中）。如果这些含有大量"难得素"的山体位于一个叫"通量涡"的地区，这个地区磁场极强，它们就会悬浮在空中。电影中的主人公杰克·雪莉说：

"这是一种磁悬浮效应，
因为难得素是超导体……"

没错，《阿凡达》最吸引观众的故事情节正是迈斯纳效应！

使电磁弱力分解为电磁力和弱力的希格斯机制，以及使光子生成质量的迈斯纳效应，基本上是相同的机制。通过自发对称性破缺，库珀对具有有限平均值，然后与光子相互作用，赋予光子质量。同样，被称为希格斯粒子（Higgs particle）的粒子通过自发对称性破缺，获取有限平均值，然后与 W^+、W^-、Z^0 规范玻色子进行相互作用，并赋予它们质量。

讲到这里还没有结束，此时发生了更多有意思的事情。事实上，W^+、W^-、Z^0 规范玻色子，以及我们所知道的所有费米子的质量，最终都是通过与希格斯玻色子相互作用而获得的。综上所述：

包括规范玻色子和费米子在内的宇宙中的所有粒子，都从希格斯粒子那里获得质量。

希格斯粒子，又有一个恰如其分的绰号——"上帝粒子"（god particle）。

毫无保留奉献的量子力学

现在全面总结一下吧，在本书中阐述的量子力学为我们提供的所有内容：

*量子力学通过波函数的共振使原子稳定；

*量子力学通过规范对称性提供了力的原理；

*量子力学与混沌结合，产生了热力学第二定律；

　　*量子力学通过自发对称性破缺，赋予宇宙中的一切粒子
　　质量。

　　总之，量子力学提供了我们存在所必要的一切要素。

　　具体来说，波函数的存在本身就提供了力的原理。通过这种
力，粒子组成原子。不过，要使原子稳定，波函数必须产生共振。
波函数产生共振的方式被定义为薛定谔方程的波方程描述。波函
数产生共振，稳定的原子凝聚在一起形成物质。宇宙万物都来自
这些物质。

　　但物质不会保持最初的状态永远存在下去。因为根据热力学
第二定律，熵会增加。换句话说，所有物质总是朝着无序度增加
的方向进化。乍一看，热力学第二定律是妨碍我们存在的"恶
棍"。但冷静思考一下，正是热力学第二定律让人类没有变成一个
依照决定论行动的机器，而是赋予了人类拥有自由意志的可能性。

　　此时量子力学恰逢其时地出现了。热力学第二定律从根本上
说是由量子力学与混沌结合产生的。热力学第二定律赋予人类拥
有自由意志的可能性，遇到了自发对称性破缺这一原理，可能性
最终变成了现实。自发对称性破缺会制造新的秩序。例如，这种
新秩序会同固体和磁体一样，将初始条件重置为局部熵减。

　　然而接下来又发生了出乎意料的事情。自发对称性破缺也发
生在规范对称性上。规范对称性破缺通过希格斯机制赋予宇宙中
所有粒子质量。

　　质量是粒子的一个基本属性。长期以来，我们在书写薛定谔

方程时毫无疑问地使用质量这一概念。当然，质量也存在于经典的牛顿运动定律中。但是，质量的存在并非理所当然。幸运的是，量子力学为质量的存在提供了依据。

再强调一遍：量子力学几乎为人类的存在提供了所需的一切。

故事还在继续

偶然和必然，宇宙会归因于什么？

有一部名叫《贫民窟的百万富翁》的电影，导演是丹尼·博伊尔（Danny Boyle），荣获了 2009 年奥斯卡最佳影片奖。下面，让我们从这部电影开始，聊一聊偶然和必然。

主人公贾马尔·马利克是一位穆斯林青年，他出生在印度孟买贫民窟。18 岁那年他参加了一档叫作《谁想成为百万富翁》（以下简称《百万富翁》）的知识竞赛类电视节目，节目要求参赛者从相对简单的问题开始答题，难度逐步升级，参赛者逐级闯关，每升一级，奖金就会相应地增加，如果到了最后一关，参赛者答对所有的问题，就可以赢得 2 000 万卢比奖金。

贾马尔在贫民窟长大，小时候，他在一场骚乱中失去了母亲，几乎没有接受过任何教育。在节目中，贾马尔每次都能答对问题。于是，节目主持人怀疑他"作弊"，想要骗取高额奖金。只剩下最后一关了，贾马尔如果答对就能获得2 000万卢比奖金了。可是，在录制最后一期节目的前一天晚上，他被移交给警方接受调查，原来是节目主持人举报了他。为了拿到贾马尔作弊的证据，警方对他进行讯问。最后，贾马尔说出了一个令人难以置信的惊人秘密。

所谓的秘密，就是节目中提到的所有的问题都与贾马尔无法忘怀的特殊经历有着奇妙的关联。例如，在孟买骚乱爆发时，贾马尔的母亲被印度教暴徒挥舞的棍子砸中头部去世，为了活下去，贾马尔无暇伤感于母亲的意外惨死，不得不选择逃跑。就这样，为了躲避暴徒，贾马尔在贫民窟狭窄的巷子里穿梭，碰到了一个装扮成印度教喇嘛神的男孩。男孩全身涂满蓝色，令人反感，右手还握着弓和箭。

在《百万富翁》节目中，奖金为16 000卢比的闯关问题就是："喇嘛神右手拿着的东西是什么？"贾马尔是穆斯林信徒，也没有接受过良好的教育，他之所以能答对这个问题，唯一的原因，就是在母亲去世当天的混乱场面中，他看到了与那天发生的情况格格不入的喇嘛神的模样。

节目中提到的每一个问题都与他人生的关键时刻有关联，这极具戏剧色彩。我一边像其他观众一样，被这个富有戏剧性的故事深深地感动着，一边反复地琢磨，这部电影为什么会令我如此感动？

命运总是使人感动。贾马尔的命运被分割成诸多碎片，逐步为他的人生埋下了伏笔。这些碎片在始料未及的时间和地点合而为一，具备了非凡的意义。事实上，得益于伏笔而成就的人生故事司空见惯，那为什么电影《贫民窟的百万富翁》里的故事会如此富有戏剧性呢?

究其原因，是因为伏笔和命运之间没有必然性。这既是事实，也有一定的讽刺意味。由于节目中提出的问题都是随机选出的，这些问题与贾马尔人生的某个特定瞬间相关联的概率接近于零，这实在是太奇怪了。最终，这些偶然完美地汇聚成必然的命运故事，深深地打动了我们。

让我们从科学的角度再来分析一下这种情况，包括物理学在内的所有科学世界观基本上具有决定论性质。换句话说，宇宙中发生的一切，都根据最初的条件预先设定了结局。这些决定论几乎使我们窒息。但是，"命运"这个词不仅不会让人喘不过气来，反而如同电影里叙述的人生一样，让人感动。决定论令人窒息，命运却令人感动，这真是讽刺啊! 我们为什么会这样?

命运不是单纯的决定论。简单来讲，决定论的反义词是自由意志。但是，命运也不是完全因自己的意愿而定。很多人宣称命运由自己来创造，但是根据科学决定论，所谓的自由意志或许只是错觉。对此，17 世纪的荷兰哲学家巴鲁赫·德·斯宾诺莎（Baruch de Spinoza）曾经说过:

"相信人类可以自由支配自己意志的行为是错误的。原因在于，人类虽然能意识到自己的行为，却无从知晓产生行为的决定性原因。"

本书致力于阐明，不苟同于斯宾诺莎的观点，科学决定论与自由意志间彼此并不矛盾。即使如此，这本书并不可能完美地解决决定论和自由意志的问题。不过，有一点是显而易见的，即所谓命运，并不是单纯的决定论或自由意志，而是存在于偶然与必然绝妙的交叉点处。

或许每个人都是这样的，仔细想一想，觉得自己的人生也是偶然和必然巧妙交融的结果。尤其是在编写本书的过程中，我有了更深刻的感悟。因为我突然意识到，正如《贫民窟的百万富翁》中描述的那样，本书中阐述的主题与此前我生命中发生的事情有着奇妙的联系。下面的内容就是我生命中无处不在的伏笔，与每一章梳理出的主题之间的关系。

* 贫穷　正如序言中提到的那样，我家很穷。在我幼小的心灵中，一直很想知道社会中产生贫穷的原因，而且想消除贫穷。通常有这种疑惑的学生会梦想成为社会学家或经济学家。但与众不同的是，我很想精准地预测社会发展的动力。为了做到这一点，我下定决心学习被称作"精密科学"的物理，虽然听起来有些不可思议，但这就是我决定学习物理的原因。

* 十字路口　在第一章中，我提到了十字路口。回头看看，在人生的道路上我经常在思考："这一刻正是改变我人生走向的十字路口啊！"

高中时期，在读一本书时突然决定报考物理专业的那一瞬间，踏上赴美留学之路的瞬间，遇见妻子的瞬间，下定决心返回韩国的瞬间，被聘为高等科学院教授的瞬间，儿子泰仁出生的瞬间，在网络杂志《HORIZON》上首次发表《令人难以置信的量子》（*Incredible Quantum*）系列文章的瞬间，在美国波士顿度过安息年，并着手起草本书初稿的瞬间等。在那些过往的瞬间里，虽然当时的我对未来还十分迷惘，但我清醒地意识到每个瞬间都是我人生中重要的十字路口。

　　*电影　我非常喜欢电影，我对电影的痴迷始于小时候印象很深的两部电影，一部是第五章中介绍的《天堂电影院》，一部是第七章中提到的《银翼杀手》。正是这两部电影，使我在成为物理学家之前，曾一度梦想成为电影评论家。其实，无论从电影所传递的信息还是场景设置的角度来看，《天堂电影院》和《银翼杀手》都是完全不同类型的电影。但奇怪的是，这两部电影却给我留下了同样深刻的印象，以至于直到现在，我仍然清晰地记得第一次观看这两部电影时的情景。

　　*爱情　物理学之所以吸引人，最主要的原因在于物理定律的不变性。第三章中提到了物理定律的不变性和爱情的可变性。在我的人生中，也经历了几次刻骨铭心的爱情。每当那时，我都像《春逝》中的尚优一样，深信真爱是不会改变的，所以颇感悲伤。

　　现在回想起来，我认为爱情不是定律，而是一种状态。正如即使物理定律不变，物质的状态也会改变一样，爱情是会变的。幸运的是，有一点是不变的，那就是不管爱情变或不变，我们都是在经历了爱情之后，才成熟起来的。

*哲学　小时候，我的梦想之一是成为哲学家。即使在大学主修物理学时，这个梦想也一直占据了我内心一隅。于是，有一个学期，我决定去听哲学课。为了从基础学起，我申请了哲学概论课，认认真真地学习了整整一个学期。通常情况，概论课是从古希腊哲学开始，一直讲到近代德国哲学，涵盖了主要哲学思想的基本概念。

由于我一直对哲学抱有浓厚的兴趣，也曾经对几种哲学思想有过一定的思考，因此对学习哲学信心满满，但最终学习成绩却不乐观。作为一个怀有哲学家梦想的人，我的自尊心受到了强烈的刺激。于是，我下定决心再选修一次哲学概论。与以往不同的是，首先，这次哲学概论课的授课人是一位在法国获得博士学位，刚回国不久的年轻教授，而且授课内容也是紧紧围绕柏格森这位哲学家的思想展开。

柏格森的哲学思想让学习物理的我产生了思维"火花"。根据柏格森的思想，"存在"并非停留在一种状态，而是一个不断重塑自我的过程，同时，"存在"通过这些过程不断进化。这个过程是持续的，只有在这个持续的过程中，"时间"才会在真正意义上流逝。"时间"是柏格森哲学思想中最核心的概念，这一时间概念与空间坐标上的时间，即物理学上的时间截然不同。根据爱因斯坦的相对论，时间和空间干脆被捆绑成一个概念，即四维空间。由于偶然因素，我几乎在同一时间开始接触爱因斯坦的相对论和柏格森哲学，遂对时间概念产生了浓厚的兴趣。这本书就是兴趣的结果。

　　＊时钟　第六章讲述了一位叫作约翰·哈里森的英国钟表匠终其一生完成精密钟表制造梦想的故事。我也是从幼年起就一直痴迷于钟表。

　　我认为机械手表就像一个小宇宙。从某种意义上来讲，机械手表是物理学家所能想象的、近乎完美的缩小版宇宙。机械手表的动力来自发条产生的力，以及平衡齿轮的共振，这些发条产生的力和平衡齿轮的共振通过擒纵轮相互连接。最重要的是，这些力都要依赖齿轮这种精密的装置进行传送。作为一名物理学家，我怎么可能不喜欢机械手表呢？

　　可惜的是，在20世纪70年代至80年代，机械手表经历了所谓的"石英危机"，从而逐步没落。原因在于石英手表因其价格低廉，且准确率高而被广泛商业化。这期间，超过三分之二的瑞士机械制造从业者失去了工作。进入21世纪后，曾经一度没落的机械手表华丽复兴。

　　为什么机械手表会再次流行？拆开石英手表，在其内部找不到任何运动的物质。当然，电子回路内部电子的移动，以及石英晶体的震动都是肉眼不可见的，我们只能观察到指针的运动。这番话可能会让人产生歧义，但就石英表而言，从表面来看，因果关系是断裂的。并不是所有人都像物理学家那样痴迷于因果关系，但是我认为每个人都出于本能地怀念物理实体。当我们出神地关注机械手表运行时所体会的感动，就是对那份怀念的最好见证。

＊命运　不知不觉间，我拿到了物理学专业学士学位，开始攻读研究生。由于我从高中时期开始就一直梦想成为一名物理学家，所以读研究生也是顺理成章的事情。只不过，在庞大的物理学中，究竟选择专攻哪个领域，是一件令人苦恼的事情。读本科时，我一直认为，传承量子力学正统性的领域是粒子物理学，但是后来我意识到，我真正感兴趣的领域并不是粒子物理，而是涉及粒子物理的其他物理领域。

正如前面提到的那样，我从小时候开始就关心的问题是："存在到底是什么？"根据柏格森哲学思想，"存在"就是不断地重塑自我，这就意味着会出现从前未有的新事物，即创造。在物理学领域中，的确有针对创造的领域，即凝聚态物理学。我选择主修凝聚态物理学，特别是研究量子多体问题，是命中注定的事情。

量子力学的应用，以及量子计算机

到目前为止，我们通过量子力学研究了宇宙，以及如何理解人类在宇宙中的存在。图 18 中记录了本书中阐述的主要内容，仅供参考。

学有所得，学以致用。利用量子力学，我们可以创造出哪些新鲜的事物呢？事实上，量子力学应用于日常生活的例子非常多。

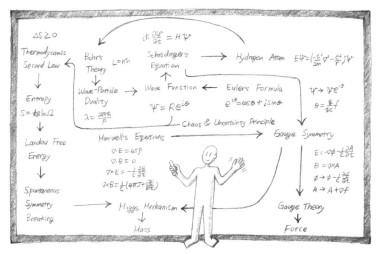

图18　总结，再见

　　其中，最有代表性的是激光（laser），它的原意是受激辐射光放大（light amplification by stimulated emission of radiation）。受激辐射光放大，到底是什么意思？普通的光由具有不同频率、相位相反的电磁波组成，这种相位相反的波被称为"非相干（incoherent）波"。而激光由仅具有一个频率，且相位固定为一个的电磁波组成，这种波被称为"相干（coherent）波"。相干电磁波的优点是它可以将大量的光子集中到狭小的空间里，换句话说，相干电磁波是一个非常强大的光源。

　　应用激光的领域数不胜数，比如光纤（optical fiber）通信、钻孔、焊接、淬火等激光加工领域，准分子激光手术等医疗领域，CD、DVD、蓝光光盘等光盘设备领域，还有最近应用于无人驾驶汽车的激光雷达等。

　　另一个应用量子力学的例子是超导体。原则上来说，超导体可以在没有任何损耗的情况下传输电流，一听就感觉是件了不起的事。但是，截至目前还没有超导体可以在常温和常压下工作。如果有这样的超导体，将在电力传输及多个领域取得突破性进展。例如，可以利用第七章中提到的迈斯纳效应制造磁悬浮列车。当然，现在也可以用超导体制造磁悬浮列车，但是要投入巨大的费用才能使超导体保持临界温度。

超导体应用最多的领域是超导磁铁。简单来讲，用超导体作为导线来制造螺线管（solenoid），就能制造出非常强大的电磁铁。当然，现在超导磁铁已经被广泛应用于日常生活，但凡具有一定规模的医院，都拥有一台核磁共振（Magnetic Resonance Imaging，MRI）仪器。

从基础科学领域来看，在欧洲粒子物理研究所（CERN）的大型强子对撞机（Large Hadron Collider，LHC）中，超导磁铁是最重要的实验装置。LHC 的主要目标是通过发现希格斯粒子，来证明希格斯机制，在这个过程中，发生了一件很玄妙的事情。正如第七章中所描述的那样，希格斯机制基本上等同于超导体的迈斯纳效应。结果，LHC 的主要目标是利用超导体来证明超导体的核心工作原理——规范对称性自发破缺与整个宇宙的运行原理相同。从某种意义上说，在 LHC 中发现希格斯粒子是宇宙的命运。

最后，还有一个非常重要的关于量子力学应用的例子，尽管目前尚未被完全商业化，但最近它已备受瞩目，那就是量子计算机（quantum computer）。（目前，除了 IBM、谷歌等大型 IT 企业外，还有很多风险投资公司都在专注于量子计算机的商业化开发。）

　　量子计算机与传统量子力学的应用略有不同。前面提到的激光和超导体，还有前面并未提及的其他量子力学应用（半导体、LED 等），这些基本上是在某种程度上被动地利用量子力学原理产生的物质属性。更具体地来说，现有量子力学的应用是利用波函数相位排列一致的性质，或者利用波函数相位引起相长干涉而产生的稳定电子结构。另一方面，量子计算机能主动控制波函数的相位。

　　这是什么意思？传统的经典计算机利用 0 和 1 二进制来存储和处理信息。例如，在电子回路中，用不同的电压表示 0 和 1。量子计算机利用由两种状态组成的二能级量子系统（two-level quantum system）来存储和处理信息。例如，在这两种状态中，可以定义成基态表示 0，激发态表示 1。从专业角度来讲，这种量子力学的信息基本单位——比特（bit）被称为"量子比特"（qubit）。

　　事实上，量子力学的状态不仅仅是 0 或 1，也可能以二者叠加状态存在。因此，与经典比特相比，量子比特所能包含的信息量会呈几何级数增长。若能有效利用这一点，量子计算机在特定情况下比传统计算机的运算速度要快得多。

　　这种能快速运算的量子算法的典型例子是秀尔算法（Shor's algorithm）。简单来说，秀尔算法是因数分解（factorization）由某两个质数（prime number）的乘积组成的整数的算法。这个看似无用的算法其实是非常重要的，因为应用于现代网络通信安全的加密，即"RSA 加密"（Riverst-Shamir-Adleman encryption），就是建立在因数分解非常困难这一事实基础上的。如果通过秀尔算法"破解"了因数分解，那么目前网络通信的安全性就只能让人忧心忡忡了。

在这里，我不会详细解读秀尔算法，只想强调一下，若想实现秀尔算法，需要精确控制量子比特，即二能级量子系统的相位。换句话说，量子计算机以主动控制波函数相位为前提。

事实上，与秀尔算法一样，在考虑量子计算机投入应用的可能性之前，当初纯粹是从科学角度先提出了这个概念。率先提出关于量子计算机可能性的人是理查德·费曼，1981 年，费曼在麻省理工举办的"计算物理学会议"（Conference on the Physics of Computation）上发表了题为《利用计算机模拟物理学》（*Simula-ting Physics with Computers*）的演讲，演讲中提到：

"我不能满足于仅仅依靠经典理论来做出所有的分析。因为，大自然并不经典。如果你想对自然做模拟实验，那就得通过量子力学去完成。再加上量子力学看起来的确不太容易，所以我认为是一个非常了不起的问题。"

感谢语

现在，终于到了结束这段旅程的时候了。在这里，我想表达一下谢意。这本书之所以能面世，要得益于李钟硕（音）总编看到了我在高等科学院网络杂志《HORIZON》上连载的《令人难以置信的量子》，并与我取得了联系。我以为，这就是一个匪夷所思的，偶然和必然交错的瞬间。

在高等科学院的办公室里，我们第一次见面就畅聊了物理、电影和人生。此后，一直到该书正式出版，李总编给了我很多灵感和帮助，在此表示深切的感谢。同时，还要想向东亚出版社的韩成峰（音）代表表示真挚的谢意，感谢韩代表同意出版，并在出版过程中给予了大力支持。

在本书的创作过程中，好像让很多人受了不少委屈。因为太过专注于创作，在有意或无意间，我和大家的聊天内容永远集中在本书的主题上，就像无休无止的漏斗一样。或许你们对我早已感到厌烦，但还是耐心地倾听我的故事，向大家一并表示深深的谢意。

　　最后，这本书的大部分内容都是 2019 年我在美国波士顿过安息年期间创作的。因此，本书也是对我和儿子泰仁一起度过的那段时光的纪念。